兵頭二十八

東京と神戸に核ミサイルが落ちたとき所沢と大阪はどうなる

講談社＋α新書

まえがき――「核戦争の神話」を正すために

一粒それを飲んだだけで、頭脳の働きが常人の何百倍にもなる――そんな魔法のクスリが、限られた数だけ、存在するとしましょう。

もしあなたが超大国、または福祉先進国の指導者だったなら、その「速成の超人」たちに、何の課題をいちばん優先して取り組ませ、一秒も早く解決してもらいたいと欲しますか？

私でしたら、やはり、「アブナイ敵国の核兵器から自国民が安全になる、うまい方法」を見つけてくれるよう、強く彼らにお願いするだろうと思います。

なぜなら、それが、何万人か何百万人、はたまた何億人もの人々を地獄の淵から救うことになるのは間違いがないからです。

兵法古典の『孫子』「九変篇」には、「来たらざるを恃むことなく」（敵がやってこないことを期待するのは防禦構想のうちに入らない）という有名な戒めの句が載っています。

第二次世界大戦後のわが国は、アメリカが指導する自由主義陣営に属します。

自由主義の各国が、めんどうな「陣営」などを組まなければならなくなったそもそもの事情は、第二次世界大戦直後のソ連（ソビエト社会主義共和国連邦）および共産主義（反自由主義の全体主義）を標榜したソ連圏勢力の軍事的な脅威が、欧州とアジアでは絶大だったからです。

一九四九年以降に核武装したロシア（当時ソ連）や、一九六四年以降に核武装した中共（中国共産党が民主的な選挙を一回も行わずに支配する中華人民共和国）から見れば、日本国は、彼らと相容れない自由主義体制を信奉する「敵国」でした。

わが国が、何かの拍子に、この近隣の二つの核武装全体主義国家から核攻撃を受けてしまうかもしれないリスクは、これまで一貫して顕在していました。そして二〇〇六年以降には、さらにそこにもう一国、北朝鮮（朝鮮民主主義人民共和国）が脅威源に加わってしまったように見えるでしょう。

核武装して他国を日常的に恫喝しているような外国が、いつまでも、わが日本国だけは核攻撃しないでいてくれることを願って、平和を祈って何の備えもしないのなら、それは「来たらざるを恃む」ことに他なりません。

シートベルトが付いていない自動車で高速道路を集団疾走し続ければどうなるか？　いつか、後悔してもしきれぬ事態が出来（しゅったい）するのは目に見えています。

これまで日本人にとって運がよかったのは、ロシア（ソ連）も中共も、「有力な敵国や近隣国に核爆弾を落としてやりたいからこそ、核兵器を所有するのだ！」――と思い詰めた、「聖戦」志向もしくは「復讐（ふくしゅう）」や「逆恨み（さかうらみ）」志向の集団ではなかったことでしょう。

外国に工作員を派遣して、気に入らない人物を、禁止化学兵器を使って毒殺してしまう、そんなマネができることを二〇一七年に改めて見せつけている北朝鮮ですら、「ただちに使うため」に核兵器を開発したのではないことは明らかです。その気ならば、とっくに韓国や在韓米軍相手に使っているはずですからね。

「核兵器を製造し運用する能力」は有するけれども、「核兵器をすぐにも使いたくてたまらない心情」は持っていない外国政府……これは、アメリカ、イギリス、フランスからなる西側の三大核保有国から見たときには、基本的に「話の通じる相手」です。「国家自存のための自重（じちょう）」ができるプレイヤーたちだと考えてよい。

理性的な核保有国は、「核兵器を気ままに使ったあとには、自国の政府所在地や大都市が大量破壊兵器で報復される」といった、「その先」にやってくる結末をよく考えるように、互いに、仕向けられます。そのようにして、核兵器の使用については、各国指導層を消極的にさせる心理が、二〇世紀末まではよく醸成されてきました。

しかし、スンニ派イスラム教国のパキスタンが一九九八年に原爆（原子核分裂爆弾）実験をしてみせたあとの現在の世界では、核兵器の保有者がいつまでも理性的であるのかどうかは、誰にも分からなくなっています。

パキスタンの国家構造は「政府」と「陸軍」による二重統治です。肝心（かんじん）の核爆弾は、政府ではなく軍が管理しています。政府はその貯蔵場所すら知らない……。

九・一一同時多発テロの首謀者、ビン・ラディンを、自国政府に黙って勝手に国内で匿（かくま）っていたのも、このパキスタン軍系統の公安情報機関でした。

パキスタン軍から「アルカイダ」や「タリバン」や「ＩＳ」等のイスラム主義武力運動組織に核爆弾が直接または（同宗派のサウジアラビア等を通じて）間接的に手渡された場合、どうなるでしょうか？　長距離ミサイルの有無などにとらわれては問題を見誤ります。いまどき誰でも、小荷物に偽装した原爆を、民間の飛行機や商船等に隠してアメリカ領土内まで運び入れ、アメリカ本土内で「核爆発テロ」を敢行することは理論的に可能なのです。

また、今後もし、シーア派イスラム教国のイランも核武装に成功し、イスラエルを恨んでいる「ヒズボラ」だとか「ハマス」だとかいった、伝統的にイスラム諸国が賛助してきた武闘グループへ密かに核兵器を渡した暁にはどうなるか？

国家を持たぬゲリラ活動組織でしかない彼らは、同じ核兵器によってイスラエルから報復される「未来の損失」などにはいささかも頓着することなく、即座にそれをテルアヴィヴ市街等へ撃ち込むか、イスラエル領土内での「原爆自爆テロ」に使おうと、実行に着手するでしょう。

核兵器をいちおう安全に管理してきた既存の核武装国が、専制政治体制の崩壊に直面したときにも、世界にとっての重大な危機が突然に訪れます。

一九九一年にソ連邦の解体が急激に進んだとき——ソ連の一部だったウクライナやカザフスタンなどに冷戦中から大量に配備されてきたロシア軍の核地雷や核砲弾などの戦術核兵器（小型核爆弾）が、領土の分離や独立の混乱にまぎれて、国際闇マーケットなどへ流出しそうになりました。

テロリストやジハーディスト（聖戦を呼号するイスラム武装勢力）や「ならず者国家」の手に渡ってしまう危険が生じたのです。アメリカもこれを機に、海外の基地に貯蔵していた核砲弾の類いをどんどん廃棄する方針に転換したぐらいに、それは真剣に懸念された事態でした。

もし、共産主義ソ連の消滅・解体時に起こったことと同じような政治的な混乱が、これから先、中共で起きた場合には、どうなるのでしょう？

過去、幾度も繰り返された歴史のパターンとして、「軍閥（群雄）割拠」の時代に、一時的に突入することが予想されます。

アメリカの指導層が懸念しているのは、分裂した中国大陸の地方政権が、それぞれに核兵器を隠匿するようになってしまう事態です。

しかし日本人が恐れねばならないのは、それよりむしろ、「統一王朝」としての中共が亡びる直前に「最後っ屁」の「道連れ政策」として、近隣国やライバル国に核攻撃を決行したり、この専制政権が「起死回生」の奇手として対日核攻撃を決断する事態でしょう。それは中国大陸内では、大衆から支持される政策なのです。

中国大陸では、「反日教育」は、近年に始まった国民洗脳ではありません。もう一九二〇年代から、蔣介石（しょうかいせき）政府が小学校以上での反日教育を開始させていました。つまり反日宣伝は、中国大陸で一世紀近くも連綿と続けられている一大国家事業といえるのです。

戦後、中国大陸の支配権は、蔣介石の国民党から毛沢東（もうたくとう）の共産党に移ったのですが、その中共政権でも引き続いて、小学校以上での反日教育を継続しました。だから、途切れたことはありません。

いまの習近平（しゅうきんぺい）世代などは、当然ながら、反日教育・反日宣伝のなかった時代を知りません。小学校からずっと反日を刷り込まれて育った政治家たちばかりです。「この際、東京に水爆（原子核融合爆弾）を叩き込んで、歴史的な報復をしておこう」といったオプションが、ある日、彼らの軍議の席上で提議されたときに、彼らは政治的・軍事的な損得は計算することでしょう。けれども特段、感情的にためらいを覚えることはないでしょう。

本書は、二一世紀のこれからあり得る「対日核攻撃」のケースについて、改めていくつか検討を加え、特にこれまで人々を欺（あざむ）いてきた「核戦争の神話」のいくつかを正そうと試みます。

紙数に限りがありますので、「アグレッサー」（攻撃してくる者）を中共に絞りますが、昨今、世上を騒がせている北朝鮮にも触れます。

同時に、「核戦略」「核軍備」全般について、こと細かに記述することは、他の良著に譲ろうと思います（本格的に学べる日本語文献はたくさん刊行されています）。

現実的な損害についての、過不足のない「予期」を多くの国民が日常から共有しておくことで、あらゆる「敵国」との付き合い方を自国の政治家が誤らぬよう、私たちが平時から監督したり督励したりすることが可能になるでしょう。

また私たちが、核戦争の災害を局限するために実施可能な都市政策がどのくらいあるのかを知っておくことは、日本国民の未来を、きっと安全で豊かで健康なものとしてくれるはずです。本書の最後では、それも論じましょう。

目次◉東京と神戸に核ミサイルが落ちたとき所沢と大阪はどうなる

第三章　東京の周辺都市はどうなる

第四章 なぜ大阪は狙われないのか

第五章 北朝鮮が狙う千歳と小牧

第六章　被害を最小化する方法

第一章　最も核被弾の可能性が高い街——横須賀

対米戦争の初盤で中国は核を

この章のタイトルを目にして、いまさら驚いた人はいますか？　だとしたら実に嘆かわしいことだと評さねばなりません。

どうやら、こんな当たり前の話も、いままで公に論じられることはなかったようですね。

基礎的な「リスク評価」のステップも踏まえないでいて、どうして近未来の戦災から国民生活を防護する話を進めていくことができるでしょうか？　わが国の政治家たちは、本当にどうかしているのです。

神奈川県の横須賀市が、日本の「核被災」の高リスク候補地の筆頭に来てしまう理由は、そこが米海軍の空母や潜水艦やあらゆる艦艇にとって、極東海域における、「代替が利かない」利便性を提供してくれている最優秀の根拠地だからです。

まだ米ソの二ヵ国しか核武装をしていなかった時分から、この横須賀市の「地位」は不動でした。

ただし、また後述しますが、ソ連が日本を核攻撃するのは「米ソ相互確証破壊」による

「ドゥームズデイ（Doomsday：宗教的に予期される最後の日）」を覚悟したときであったと考えられるのに対し、中共が横須賀を核攻撃するのは、対米戦争の初盤の政治的かけ引きとしてであろう点が、決定的に異なっています。

ちょっと先行して用語の解説をします。「ドゥームズデイ」というのは、西洋一神教文化圏でかつては広く信じられていた「人の世の最後の日」のことで、それは神による審判が画定する日でもあります。死者までも墓場から蘇らされて罪を裁かれるのだと、預言者や聖職者たちによって説かれてきました。

しかし現代では、核攻撃かそれに匹敵する大量破壊兵器によって自国民が大量に殺され、あるいは独裁政体が滅びてしまうカタストロフのことも、このドゥームズデイになぞらえることが多くあります。本書でも、そのような意味で用います。

横田も嘉手納も代替があるが

アメリカの敵国としては、そしてまた、わが日本国を憎む敵国としては、横須賀市の軍港機能、すなわち艦隊の活動をサポートする機能を水爆で壊滅させることによって、西太平洋海域での米海軍の活動を、戦後も不可逆的に衰微させることが確実にできます。

もし、そのようにして米海軍の後ろ盾が弱まってしまいさえすれば、日本政府も敵国の要求に対して屈譲する可能性が高くなるでしょう。

実は、日本にある他の「米軍基地城下町」には、概ね「代替基地」があり得ます。アンダーセン空軍基地とアプラ海軍基地しかない米領のグアム島などとは違い、この日本列島には、米軍が利用できる滑走路や海港は、それこそ何ダースも存在するからです。

たとえば在日米空軍の司令部があって、軍事空輸網のハブ空港ともなっている横田基地（東京都）や、F15戦闘機など米空軍の攻撃力が高密度に集中している嘉手納空軍基地（沖縄県）の機能ですら、戦時には柔軟に、その一部をあちこちへ分散・移転させることが可能です。そのような研究と訓練も、平時からなされているのです。

これが、たとえばまだ一九五〇年代の話であったなら、米軍の戦術用航空機の航続距離も現在のように長くはないですから、北九州にある複数の軍用飛行場を大量破壊兵器で汚染して、長期間使えなくすることができれば、朝鮮半島近辺での米軍機の活動には顕著な差し障りが生じたことでしょう。しかし今日では、米空軍の小型のF16戦闘機ですら、青森県や北海道の滑走路から飛び立って、中国本土を長射程対地兵装により随意に空襲できます。

米軍の核爆弾の一時貯蔵設備についても同様で、横田基地等にかつてそれがあったことは間違いないのですが、今日では、わざわざ日本列島の最前線基地で攻撃機に核爆弾を装着する作業など、米空軍はしません。

そのようなわけで、米軍にとっていくらでも代替拠点が得られるような特定の基地を、中共として政治的に巨大なリスクを冒してまで核弾頭で破壊しても、それに見合う長期的な利益（米軍の活動が不可逆的に不活性化する等）が期待できません。

したがって、敵国人に損得計算の才能がある限り、それらの基地は、敵国の「核攻撃候補地」リストのいちばん上には来ないのです。

もちろん通常弾頭の中距離弾道ミサイルは横田にはダラダラと次々に飛来するはずです。そこには「ミサイル防衛」を指揮する航空自衛隊の司令部もあるからです。そこは勘違いをしないでください。

横田のような、所詮（しょせん）は「代わりがある基地」群と比べますと、「横須賀軍港」の機能を代替できる、第二、第三の軍港都市は、フィリピンのスービック海軍基地が一九九二年末に返還されて以降は、極東海域のどこにも見当たりません。そこがとても重要な差違なのです。

米海軍佐世保基地の弱点

東シナ海に臨む位置の米海軍佐世保（させぼ）基地は、やはり米海軍や米海兵隊のために提供されてきている重要軍港ですけれども、港内の浚渫（しゅんせつ）が不十分で、大きな軍艦が岸壁に接岸することができません。軍港としての容量に不足があるわけで、大型化する一方の米海軍の原子力空母は、佐世保を母港とすることは難しい。やはり、横須賀軍港の機能には到底、比肩（ひけん）し得ないのです。

また、海上自衛隊の一大基地である瀬戸内海の呉（くれ）軍港は、戦前に戦艦『大和（やまと）』を建造した船渠（ドック）を含め、修船設備に関しては、とても充実しています。が、そこは、佐世保のように戦後ずっと米海軍に提供されてきた場所ではありません。

およそ軍港の機能というものは、仕事を発注する海軍当局者たちと、それを請け負う民間造船業者や港湾労働者たちとのあいだで長年つちかわれた関係が、いざというときに底力を発揮するものです。普段から受け入れていない米海軍の大型艦が急に入渠（にゅうきょ）させてくれといっても、かゆいところに手の届くサービスは期し得ぬもの。米軍専用の弾薬や需品を格納した大規模補給施設も呉にはありません。

一方、横須賀でならば、米海軍の最大サイズの原子力空母もメンテナンスを受けられますし、原子力潜水艦（原潜）用その他の特別な弾薬や需品を安全に置いておけるトンネル倉庫もあります。すぐ近くの海上自衛艦隊の司令部にかけあえば物資やサービスを融通してもらえるうえに、近隣の厚木航空基地等も不自由なく使うことができる。海軍軍人の家族用の宿舎施設も、横須賀を中心とした神奈川県内が、いちばん充実しているのです。

さらにまた、横須賀のロケーションが、東京湾の唯一の出入り口である浦賀水道を扼していることと、かつまた首都・東京からもほどほどに近い（だいたい四〇キロ）という位置関係は、この軍港に経済戦略上の価値に加えて、政治戦略上の特別な価値も与えているでしょう。

横須賀軍港で水爆が一発炸裂すれば、浦賀水道近辺に漂う二次放射能の害を恐れて、内外の民間船舶は当分、東京湾へ入ることも、東京湾から出ることも、見合わせるでしょう（しかも、浦賀水道を通過したコンテナは、外国の港で荷役してもらえないでしょう）。それは京浜工業地帯の工場経営者や労働者、そして日本経済にとって、直接的な大打撃となるはずです。

しかしそんな経済的なダメージは、政治的ショックの甚大さに比べれば、まだ取るに足りないことです。すなわち敵国は、まず横須賀に水爆をお見舞いすることによって、日本政府や世界をリアルに脅し上げ、アメリカ政府と「取り引き」することができるのです。

横須賀軍港内で発生した核爆発の衝撃波は、隣接の横浜市の郊外にまでも達するでしょう。二次放射能は、主に降灰のかたちで千葉県や東京都にも及び、東京都心でパニックが生ずることは、あの東日本大震災の既往から見て間違いないでしょう。

あるいは天皇陛下だけは皇居からの蒙塵（遠く退避すること）をお望みにならぬかとも思いますが、そんな最中に「次は東京に落とすぞ」と中共政府が声明で凄めば、外交上の効果は抜群でしょう。

アメリカはまず海南島に反撃

アメリカとの全面核戦争をスタートすれば勝ち目などない中共にとって、自国のほうからアメリカやその友好国に対して先に核戦争を開始するリスクは、相手がたとい非核国であろうとも、深甚です。

たとえば中共軍からの核の初弾を東京や大阪や福岡といった日本の大都市（政令指定都市）に落とし、主に民間人を一〇〇万人ほど殺傷したとしましょう。日本と同盟条約を結んでいるアメリカには、特に利害関係がない外部世界から見たとしても「報復の大義名分」が与えられてしまうのです。

すなわち米政府は、中共の大都市を同じ数だけ選んで、水爆で破壊することでオトシマエをつけようとするでしょう（同じ数より多く破壊すれば、今度は中共側にもエスカレーションの口実を与えてしまうからです）。

北京（ペキン）でなくとも、上海（シャンハイ）や瀋陽（しんよう）クラスの大都市がひとつでもアメリカから核攻撃を受ければ、人民の動揺と離反とによって、中共政体は土台から崩れる恐れがあります。

しかもアメリカには、この際、中共の保有する全核戦力（長距離ミサイル部隊やミサイル潜水艦や、それらの核弾頭の地下貯蔵施設や指揮通信施設）に対する大々的な「プリエンプティヴ（先制）攻撃」を行う選択もできます。

これは「後（ご）の先（せん）」を取るスタイルでの本格反撃です。それに対して、敵からの核攻撃がまだ切迫していないうちから先に敵を核攻撃することは「予防戦争」に分類され、正当防衛や自衛だとはみなされません。そのプリエンプティヴ攻撃を選択して、中共の核戦争用ハードウェアを外科手術的に取り除いてしまうことで、米本土に対する後顧（こうこ）の憂（うれ）いをなくそうというオプションもアメリカは採り得るのです。

米軍（およびロシア軍）には、これを遂行する備えが実際にあるのですから、中共側としては、そんな「大義名分」や好都合なきっかけを進呈することには慎重でなくてはなりません。

その点、初弾のターゲットを在日米海軍の在外根拠地たる横須賀軍港の真上に設定することは、自動連鎖的な核報復のエスカレーションを抑制できるという点で、政治的メリットは大です。

「あくまで軍事基地を狙った」「しかもアメリカ領土ではなく日本領土」と北京から公式に声明されれば、アメリカ政府としても、それと「同等」の報復以上のことはやりにくいでしょう。

もちろん、横須賀軍港が水爆で攻撃された当座には、所在の米軍軍人やその家族、あるいはアメリカ国籍を有する基地の関係者と、たまたま滞在していたアメリカ人旅行者たちなど、合計すれば数万人もが、住民たる日本人数十万人といっしょに、死傷させられるでしょう。在港中の米軍艦艇と、陸上の米軍施設にも大損害が生ずることは、いうまでもないことです。

アメリカ大統領としては、これに対して何の報復もしないでいては、世界に対して示しがつきません。そこで、横須賀と等価だとみなし得る中共国内のターゲット都市を、ただちに選定します。

これに関わる複雑な発展経緯のある「アメリカ核戦略」の説明を端折って結論だけをお話ししますと、横須賀軍港の壊滅に対する「お返しの一発」（ひょっとすると念を入れて二発）は、海南島のミサイル原潜基地に対して実施するつもりでしょう。こういうことは、もう前もって検討されており、とっくに結論が出されているはずです。

工廠の充実した大連港や、北海艦隊司令部のある青島基地、東海艦隊司令部のある寧波基地（上海に近い）も、横須賀軍港に並ぶ立地上の類似性があります。けれども、アメリカ大統領や安全保障担当の側近スタッフたちとしては、この際、中共軍の最大のミサイル原潜基地を除去しておくことのほうを、将来のアメリカの安全にとって意義が大きいと判断するはずです。

しかも、海南島ならば北京からは十分に遠いので、北京が放射性降灰をかぶることはなく、「相互エスカレーション」を沈静化させたいというメッセージになるところが、米側には都合がよい。

もし中共が海南島の壊滅に怒って、さらに別な水爆攻撃に踏み切ってきたならば、今度こそは、もっと北京や天津（商港）に近い遼東半島や山東半島の海軍基地を吹っ飛ばしてやるからな——と、暗々裡に釘を刺すこともできるわけです。

横須賀で想定される爆発スタイル

横須賀軍港に落下する中共の核ミサイルの水爆弾頭が起爆するタイミングは、常識的な高度（イールド〈核弾頭の爆発出力〉が一〇〇キロトンならば高度一一〇〇メートルぐらい。一メガトンなら、高度三〇〇〇メートルぐらいにすると、都市に対する破壊範囲を最も広くさせることができます。対都市攻撃では普通、戸建ての民家が破壊される面積を最大化できる高度が選定される）での爆発ではなくて、水面スレスレであるか、イールドとは不釣り合いに非常に低い高度（すなわち一メガトンならば高度が数百メートル以下）での爆発になるでしょう。

本来なら、敵の軍港に対する核攻撃は、水中で爆発させる「アンダーウォーター・バースト」とするのがいちばん理想的です。

アメリカは、一九四六年七月二五日、太平洋のマーシャル諸島・ビキニ環礁での、水中（深さ二七メートル）に吊るしたプルトニウム原爆（イールド二一キロトン）を炸裂さ

図表1 空中爆発

空中爆発で生ずるキノコ雲には比較的わずかな放射性の塵しか含まれていない。これは高空の大気で希釈され、ほとんど地上に積もったりせず、致死的な被害は与えない。よって最終的な被害面積は地表爆発（水面爆発）よりも小さい

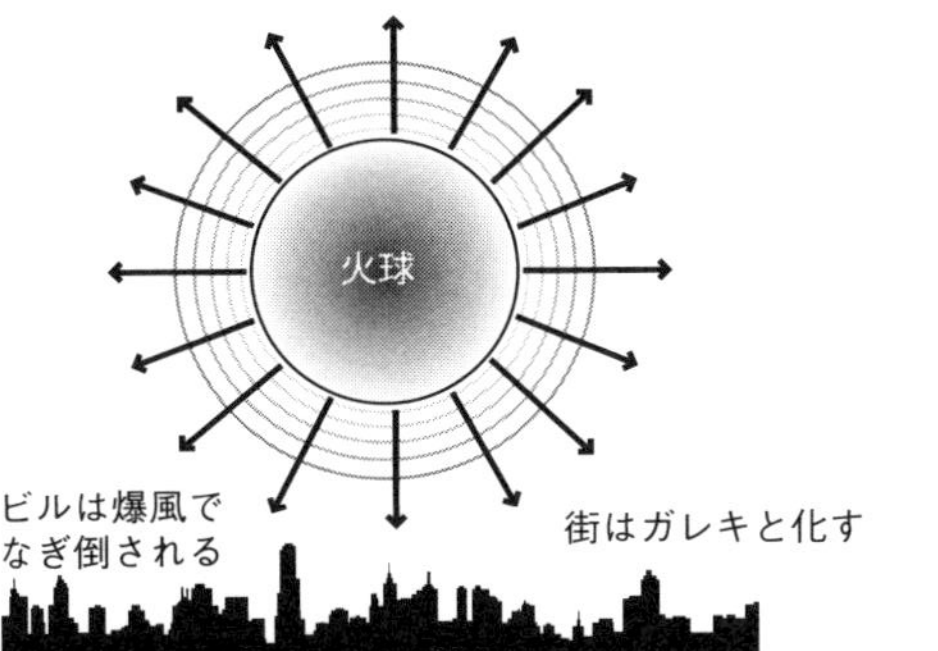

空中爆発では、直下の地下構造物はひどくは破壊されないことが多いが、地表の水平方向へ遠くまで熱線と爆風が到達するので、いきなり広い面積が損害を蒙ってしまう

せる「ベイカー」実験を挙行しました。

　爆心から水平距離二〇〇メートルの水面に並べられていた、大日本帝国海軍から接収した戦艦『長門(ながと)』は、水中を伝わった衝撃波のため艦底に亀裂が入って徐々に浸水し、四日後に沈没しました。『長門』は、その直前の七月一日の高度一五八メートルでの空中核爆発（「エイブル」実験）には耐えたのでしたが、水中を伝わった破壊エネルギーは、空気中を伝わる爆圧や熱などよりもずっと破壊力があることが立証された次第です。そのとき一緒に並べられていた米海軍の旧式戦艦『アーカンソー』は、距離は同じでしたが、即時に沈んでいます。

　核弾頭付きの中距離弾道ミサイルのＲＶ（再突入体。ミサイルの先端部分で、その内部に弾頭を含む。宇宙空間でミサイル筒体から切り離され、このＲＶだけが地上に落下）は、大気圏摩擦で燃え尽きないように設計上、十分頑丈(がんじょう)につくられてはいますけれども、現実の核戦争プランナーは、何かに衝突したショックでＲＶ内部の機器や電子回路が故障してしまう可能性を無視することができません。

　殊(こと)にミサイルのフルスケールでの実射試験の回数が米露に比べてかなり少ない中共製の核ミサイルは、信頼性の高い武器だとはユーザーも決して思ってはいないので、「故障」

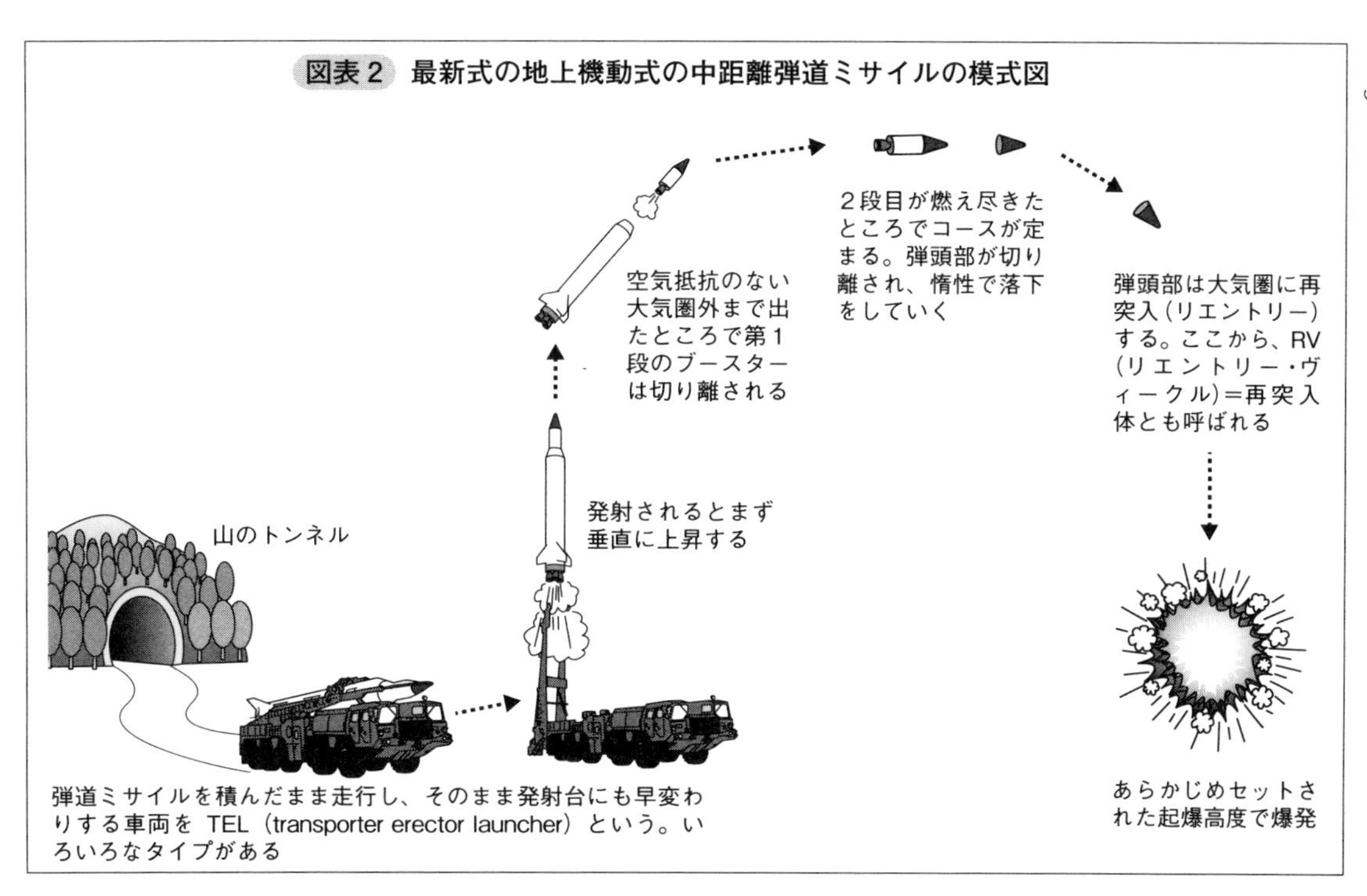
図表２　最新式の地上機動式の中距離弾道ミサイルの模式図
山のトンネル
弾道ミサイルを積んだまま走行し、そのまま発射台にも早変わりする車両を TEL（transporter erector launcher）という。いろいろなタイプがある
発射されるとまず垂直に上昇する
空気抵抗のない大気圏外まで出たところで第１段のブースターは切り離される
２段目が燃え尽きたところでコースが定まる。弾頭部が切り離され、惰性で落下をしていく
弾頭部は大気圏に再突入（リエントリー）する。ここから、RV（リエントリー・ヴィークル）＝再突入体とも呼ばれる
あらかじめセットされた起爆高度で爆発

「不発」のリスクをできるだけ避けるために、「水中爆発モード」は選ばないであろうと考えられます。

しかし、超低空での起爆であれば、「火球」（核爆発の中心部に生ずる超高熱のガスの塊で、この表面から衝撃波が発生）の下縁部が水面まで届きますので、そこから破壊力のある水中衝撃波が全周へ広がります。

火球の大きさは、イールドにもよりますけれども、一メガトン（＝一〇〇〇キロトン）ですと、半径が六五〇メートルから一キロメートル（資料によって差がある）、一〇メガトン（＝一万キロトン）ならば半径が二・五キロメートル前後にもなるようです。

中共軍の中距離核ミサイルに実装される核弾頭の実際のイールドは、だいたい二〇〇キロトンから数メガトンであろう――としか分かりません。サイロ式の重厚長大な旧式中距離ミサイルなら、一メガトン以上にできるでしょう。

他方、米軍の軽量で大威力の「W88」という水爆弾頭の設計機密を、中共は一九九〇年代以降にどこかから入手し、そのコピーを試みたらしい。そのため、陸上を車両で移動して発射できるタイプの最新式の中距離弾道ミサイルにおいて、「W88」の最大イールド「四七五キロトン」（ただしこれは核分裂物質を特別に追加した場合で重さも増加）に迫る威力を達成していないとは、誰にも断言はできません。よほど古いものならば、軽量化のために威力が犠牲にされていて、単弾頭でも六〇キロトンということもあり得るようです。

ちなみに広島の原爆で生じた火球の半径は八〇メートル前後だったといわれています（実測値なのか、事前推定値なのか不明）。戦艦『長門』を沈めた一九四六年の実験は、イールドでは広島型をやや上回るレベルで、二倍まではいかなかったようです。『長門』は火球よりも明瞭に外側で被爆をさせられたのでしょう。軍艦が核爆発でできる超高温の火球の内側にとらえられてしまえば、どんなに頑丈（がんじょう）な巨艦だろうが瞬時にスクラップ化するのは、実験するまでもないことでした。

水爆が海面上で爆発した場合は

数百キロトン以上の水爆が水面上の超低空で爆発した場合、破壊的な水中衝撃波がその火球の外側へ、さらに数キロメートルも広がるだろうと予想されていることが、横須賀の被害状況を予測するうえで、私たちには重要です。

一メガトンとか二メガトンの水爆弾頭が海面ギリギリの低高度で炸裂した場合、普通の広さの軍港内の艦船で、満足に作戦任務を遂行可能なものは、一隻も残らなくなるでしょう。

こうした危険は、各国の海軍は平時からよく承知をしています。ですから一般に、国際情勢が戦争の危機を孕(はら)んで緊張しますと、敵国に近い在外基地の主要な米軍艦艇は、いつまでも港湾内にはぐずぐずしておらず、すぐに外洋に散って、敵からの奇襲攻撃（核奇襲を含む）に備えようとします。

しかしそうはいっても、たまたま修理中であったり、たまたま補給作業のためにその日に寄港しなければならなかった水上艦や潜水艦は、横須賀ぐらいの大軍港ともなれば、何隻もあることでしょう。米海軍の原子力潜水艦一隻、あるいは大型補給艦一隻でも、他の小艦艇ともども傷つけて出撃不可能にしてやれたならば、中共の「戦果」は軍事的に十分に満足すべきものになります。米軍に大ダメージを与えてやったという、軍事後進国家の面子(メンツ)も立つことでしょう。

核攻撃に伴う二次放射能の威力

さて、水面にかなり近い低空での爆発や、あるいは核弾頭が水中に没した直後の起爆では、核爆発で最初に生ずる「火球」が海水や海底や地面に触れて蒸発させた物質を、天高く成層圏までも上昇させるほか、周辺海水を王冠飛沫状に押しのけるようにして吹き散らす結果、それら放射能を帯びた「灰」や「海水シャワー」を、陸上施設がしこたま浴びせられることになります。

ちなみに、「水」そのものは中性子をいかほど照射されようとも放射能を帯びたりはしません（それゆえ軽水炉原発の減速材や冷却材として好適）。しかし、海水のなかに混じっている大量のミネラル（その筆頭が「塩化ナトリウム」）は、中性子が当たれば、放射性の同位体に変わってしまう。それを含んだ海水飛沫が、陸上施設の上へ、滝のように降りかかるわけです。

珊瑚礁を構成しているカルシウムや、海底の泥や岩石、火球のなかに入って蒸発した金属類も同様に、放射能を帯びた「灰」となって、爆発後数十分を経過した頃から降下してきます。一般に上空の風は毎時二四キロメートルくらいと見積もられ、爆発から数時間経過後には、風下の広い範囲に灰が降っているでしょう。

一九五四年三月一日のビキニ環礁での水爆実験では、一五メガトンという計算外の大出力が発生してしまって、海底には直径二キロメートル、深さ八〇メートルのクレーターができました。そして、そこに存在していた珊瑚礁のカルシウムが放射性の「灰」になって、爆発から四時間後、現場から一六〇キロメートル風下でマグロを追いかけていた二三人乗船の木造漁船『第五福竜丸（ふくりゅうまる）』の船体にも積もり始め、それは厚さ三センチにもなったそうです。

降下直後の「灰」からは強い放射線が出ていました。軍隊では、艦艇や装甲車等に積もった放射性の灰を大量の水で流し去れば、放射線の悪影響を低減できると教えています。しかしそんなことを知らずに不用意に皮膚を灰に密着させ、あるいは肺のなかに吸い込んだ遠洋漁船『第五福竜丸』の乗組員たちは、放射線障害を蒙（こうむ）ってしまい、一名が焼津（やいづ）漁港に帰港後に病院内で死亡しました。

この漁船は、残留放射能がほぼ消えてから東京水産大学（現・東京海洋大学）の練習船『はやぶさ丸』とされ、一九六七年にその役目を終えると、今度は保存措置が考えられて、現在は東京都立夢の島公園内の展示館で展示されています。誰でも船材の木の肌に触ることができる状態です。

ビキニ環礁の核実験場のすぐ近くで、強烈な放射能を帯びた金属製の廃艦も、数年間雨ざらしで放置していたところ、やがて放射線量は安全レベルに戻ったそうです。

しかし、軍港内で水爆が炸裂し、その汚染飛沫をかぶった軍港内の作業施設などに港湾労働者や水兵たちが近寄ることは、安全係数も考えて、数ヵ月間は不可能になってしまうでしょう。

海水飛沫はあまりに多量なので、建物の隙間や土壌にも滲み込み、真水ですっかり流し去ることは容易ではなさそうです。そもそも、その真水が手に入らないだろうと想像されます。消火栓や上下水道といったインフラも、ダメージを受けている可能性が大だからです。

軍港の陸上にある倉庫や工場や諸設備が、運よく核爆発による直接の爆風や熱線からは無傷で残存したとしても、高濃度の放射性物質の飛沫を浴びた港湾地区には、まず当分、人は近寄れなくなるのです。

おそらく当面の戦争が終わるまで、軍港としての支援機能はほとんど失われたままでしょう。これが、横須賀軍港を核攻撃することによって敵国が得ることのできる、絶大な軍事的メリットです。

「火球」が港の海底の泥層にまで達してクレーターができた場合には、クレーターの表面から、いつまでも強い放射線が出続けます。残留放射能のレベルはなかなか下がらず、おそらく戦後も海岸地区には、半永久的に民間人は居住ができないでしょう。

火球が地面に触れず広島や長崎は

一般に、核爆発で最初にできる「火球」の下端が地表（または海底土壌）に接するほど起爆高度が低かった場合、中性子によって放射性化された土壌物質がクレーターの内壁にガラス状に焼き付いたようになります（一九四五年の「トリニティ」実験で発見された現象で、このガラス質の鉱石を「トリニタイト」とも呼びます）。それは、雨や海水でおいそれと洗い流されることもなければ、風や気流で飛散することもありません。その土地からは長期にわたって放射線が出続けることになるのです。

一九四五年の広島や長崎では、火球は地面に触れませんでした。だから、被爆後の都市復興は可能でした。ネヴァダ沙漠（アメリカ）や、セミパラチンスク（旧ソ連・カザフスタン、後セメイに改称）や、ロプノール（中国）の地上核実験場の跡地は、今日でも、人が住むことはできません。火球が地面に触れているからです。

この「火球クレーター内壁」の放射性土壌を除去する作業は、面積と体積の大きさから

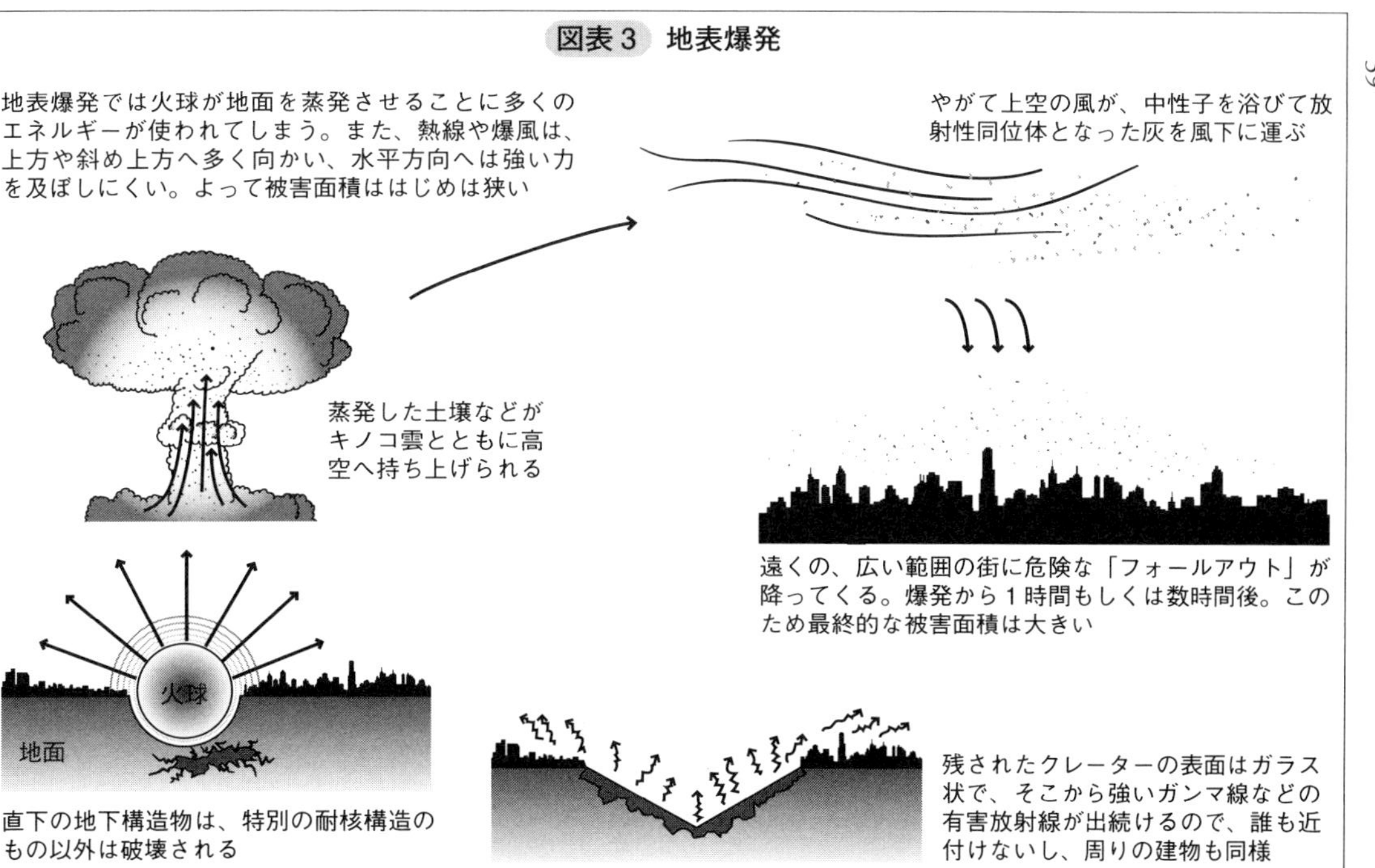
図表3 地表爆発
地表爆発では火球が地面を蒸発させることに多くのエネルギーが使われてしまう。また、熱線や爆風は、上方や斜め上方へ多く向かい、水平方向へは強い力を及ぼしにくい。よって被害面積ははじめは狭い
やがて上空の風が、中性子を浴びて放射性同位体となった灰を風下に運ぶ
蒸発した土壌などがキノコ雲とともに高空へ持ち上げられる
遠くの、広い範囲の街に危険な「フォールアウト」が降ってくる。爆発から1時間もしくは数時間後。このため最終的な被害面積は大きい
火球
地面
直下の地下構造物は、特別の耐核構造のもの以外は破壊される
残されたクレーターの表面はガラス状で、そこから強いガンマ線などの有害放射線が出続けるので、誰も近付けないし、周りの建物も同様

考えて容易なことでなく、また、その汚染土壌を投棄しても誰からも文句が出ないような場所は、現実的にはこの地球上では見つからないでしょう。

したがって、「核兵器が地表もしくは地中で爆発した土地は、半永久的に人が住めない場所となる」のです（人が立ち入れないわけではありません。ネヴァダの大気圏内核実験場の跡では今日、クレーター内を安全な車両で案内する観光ツアーがあります。ただし、すばやく通過しなければならず、決してその場に長時間立ち止まることは許されません）。

横須賀軍港に対する「低空爆発モード」での水爆攻撃があった場合、クレーターの辺縁部が栈橋（さんばし）や岸壁や船渠（ドック）などの陸上部分にまでかかる蓋然性（がいぜんせい）は高いでしょう。

となると、おそらく米軍と自衛隊は、横須賀軍港をそれ以後、永久に放棄するしかないでしょう。

少し余談となりますけれども、アメリカ政府が「核テロ」を、ロシアの戦略核兵器に劣らずに警戒していなければならぬ理由も、実はここにあるのです。

トラックや貨物船に隠して運び込まれた、イールドが一キロトンか二キロトンしかないような、軽量小型で初歩的な原爆が、仮にニューヨークのマンハッタン島のどこかの埠頭（ふとう）で炸裂したとします。

それによってマンハッタンの陸上部が広範に吹き飛ぶことはなく、大損害は一ブロックぐらいで収まるでしょう。が、地面に放射性のクレーターが、小さいながらも残ります。それだけで、もうマンハッタン全体が、商業地域としては半永久的におしまいとなるのです。ドナルド・トランプ氏の名前が付いた多数の複合ビルだって、資産価値は激減してしまうでしょう。

爾後（じご）、ニューヨーク市中心部やその近辺に住もうとしたり、そこに通勤しようとする酔狂な人は、誰もいなくなるはず。保険会社が、そのような人には通常の保険を適用しないからです。

爆発高度が十分な核爆発の性質

世界最初の核実験「トリニティ」が行われた「アラモゴード」の沙漠には、人は誰も住んではいません。もしも物好きな大金持ちが現れて、インフラ一切の負担をしようといっても、その近傍に町村ができることはないでしょう。

しかし、「トリニティ」と同じプルトニウム原爆が投下されている長崎市は、都市としてすぐ再建され、戦前以上に発展しています。これはウラニウム爆弾が投下された広島市でも同様です。両市ともに、被爆直後でも無人となったことはありません。

違いは、「火球が地面に接したか」否か、にあります。

「トリニティ」実験は、高さ三〇メートルの鉄骨櫓の上に爆弾を固定して炸裂させてみたので、半径一〇〇メートル前後の火球は当然のように大地に触れ、土地を永久汚染したのです。

しかし広島では、ウラニウム爆弾は高度一六七〇フィート（五〇九メートル）、長崎ではプルトニウム爆弾が一六四〇フィート（五〇〇メートル）で爆発し、イールドはそれぞれ一二・五キロトンと二二キロトン（『The Effects of Nuclear Weapons』一九七七年版の数値）でしたから、どちらも火球は地表にはまったく届かず、土地は永久汚染を免れました。

高空の核分裂で生じた放射性物質は、上昇する火球とともにいったん、もっと高い空まで持ち上げられ、そこから風に乗って広範囲へ降り注いだときには、十分に希釈されていたようです。広島市近郊でも長崎市近郊でも、爆発後の「灰」や「雨」によって人や動物が死んだという報告はありません。

また、のちほど説明したいと思いますが、「3F」という構造の水爆であった場合には、高空での爆発であっても、爆弾の反射材に使われる天然ウラン（または天然ウランよりもさらに「ウラン２３５」の含有率が低い「劣化ウラン」）の「ウラン２３８」が核分裂することに伴ってある程度の「灰」が生じ、それは高層大気を長時間浮遊し、最終的には地表に降ってきます。

　この「３Ｆ」水爆は、昔は「ダーティ」な水爆とも呼ばれ（今日テロリストが放射性物質を通常火薬によって撒き散らそうとたくらんでいる「ダーティ・ボム」とはまったく別で、正真正銘のメガトン級水爆です）、大気圏内で使用すれば世界から総スカンを喰らうことは必至。そのため、核武装先進国は今日、これを廃棄してしまったか、もしストックがあっても緒戦では使わないように考えているはずです。

　分からないのが、中共がストックしている古い核弾頭です。もし将来、中共が、アメリカもしくはロシアもしくはインドとの核戦争の挙げ句に、自国政体の終焉を覚悟したとき（これが「核のドゥームズデイ」——各国それぞれが想定しています）、「戦後」の極東地域で日本だけが無傷で支配的な存在になることを、儒教圏人一流の近隣憎悪式ジェラシーから「阻止したい！」と願った場合には、東京都に「３Ｆ」水爆を、地表爆発モードで二〜三発投射するのが、とても合理的なのです。

次の第二章では、中共にとっての「核のドゥームズデイ」とはどのようなものなのか、そしてその結果として、日本の東京は必ず「地獄の道連れ」に核攻撃されなくてはならない、その理由をご説明します。

また「核のドゥームズデイ」が到来したときには、中共の核戦争プランナーとしては、「どうしてもここだけは破壊しておかなくてはならない」と見定めている、日本国内の中小自治体もあります。多くの読者にはほとんど考えもしなかったような場所だと思いますので、それについては第四章で見て参りましょう。

ただ、東京に水爆が三発落ちても、周辺自治体まで壊滅することはありません。それについては第三章でご説明したいと思います。

第二章　東京を襲う水爆は何発か

核攻撃に強いアメリカ、弱い中露

まず、中共の立場から見た「核のドゥームズデイ」と、その際の「決心」について、ひと通り考察をしてみます。

「核のドゥームズデイ」は、外国軍、もしくは外国人、もしくは国内の反政府勢力等による複数発の核攻撃（または核爆発事故）が、自国の首都の廃墟化を伴う、いつか回復するとは考えられぬような規模の破壊・死傷を、自国の体制、もしくは国土の大半と国民の大半、もしくはそれらすべてについてもたらすであろうと覚悟される、国家の究極的・終末的事態です。

バチカン市国のようなミニ国家ならば、その中心点で一発の二〇キロトン原爆が完爆しただけでも、たちまち「核のドゥームズデイ」は成立してしまうでしょう。

しかし、イタリアぐらいの広さがある国家でしたなら、仮にローマ市が一〇メガトン水爆によって吹き飛ばされたとしても、国家の消滅にまでは至りません。

つまり各国の想定する「核のドゥームズデイ」は、それぞれの国家ごとに、ギリギリ耐えられそうなスケールや激甚度（げきじんど）、被害様態などが、すべて異なります。

たとえばアメリカの場合、ロシアがありったけの戦略核弾頭を東海岸から西海岸までの数百の都市に指向してまんべんなく破壊してしまったとしてもなお、その国体が終焉(しゅうえん)させられることにはなりそうにありません。

ただちにメキシコ陸軍やカナダ陸軍が全土に進駐する、といった、あまり現実味がない想定を加えない限り、事実上、アメリカは不死身です。

分かりやすく毛沢東のレトリックを借用しますなら、アメリカ市民がたとい二億人殺されても、残った数千万人か数百万人かが、また「アメリカ合衆国」を再建してしまえるのです。そのくらい国土には余裕があって、都市化していない広い土地のあちこちに少しずつ、再生を担うに足る数（と質）の住民が分散しているのです。一七七五年の独立戦争開始時点におけるアメリカ東部一三州の総人口は、たった二五〇万人であったことを思い出してください。

しかしロシアの場合、すべての都市であるとか、工業地帯の過半であるとか、人口の何割であるとかをしらみつぶしに破壊・殺傷などされずとも、モスクワ以下の枢要な数ヵ所の都市が水爆で破壊されただけで、そこから全国の無秩序化や諸外国（主に隣国）による領土侵食が始まってしまい、「核のドゥームズデイ」がそのまま国家・国体の終焉に直結する蓋然性が高いのです。

このロシアと同じように、中共も、「核のドゥームズデイ」に続く災厄として、領土内の地方政権が分離独立を宣言したり、外国人が領土を奪いに来たりするという事態を想定しなくてはならぬ「地政学的な立ち位置」を意識しています。

中共に戦術核を使うロシアの作戦

数千キロメートルもの陸上国境で隣接しているロシアと中共も、互いに抜き差しのならない関係にあります。

両国ともに核武装しているうえ、どちらも相手の領土を侵奪することが国家を安全にし、有利なことであると思っているからです。

ロシア人たちは、昔のローマ帝国と同様、現在の国境を安全に維持するためには、国境線の外側も支配しなくてはならないのだと信じています。また、不毛なシベリア地方に土着住民を増やすためには、南隣の中共領内の耕地を役立てるのが唯一の解決策だとも計算してきました。

この目的意識から、第二次世界大戦直後には、旧満州（東北三省）の事実上の占領支配を成功させかけています。しかし、「一九三一年の満州事変以前の原状を回復させること」を一貫して念じ続けていたヘンリー・スチムソン陸軍長官（満州事変当時の政権では国務長官だった）の意向を受け継いだ一九四六年のアメリカ指導部が、「東京裁判」の開廷前にモスクワに強談判してソ連軍をすべて旧満州から撤退させ、現在までロシア人たちは、旧満州領土併合の野心は一時的に引っ込めた形です。

かたや中共は、化石エネルギー需給の将来的な不安を解消するため、シベリアや樺太沖に眠る天然ガスと石油が欲しくてたまらず、そのために「シベリアはもともと清国領だったから、自分たちにはそれをロシアから返還してもらう権利がある」――という主張をしばしばほのめかし、宣伝しています。

東シベリアと、その南側に接する旧満州とでは、住民の数が比較にもならないほど中共側が多い（それだけ可耕地が豊かである）ため、そのギャップが、有事に動員をかけて国境に張り付けることのできる兵力の差にも、そっくり反映されています。

こうした辺境防衛用の兵員数の圧倒的な不利をおぎなうため、ロシア陸軍は、対中有事の際には、戦術核兵器（短射程の地対地ミサイルや空対地ミサイル）を初盤から使うつもりでいます。繰り返されている演習のシナリオから、それは秘密でもなんでもありません。

中共の水爆の目標は「東京都」

ロシアも中共も、辺境戦争で戦術核兵器が使用されても、それが「核のドゥームズデイ」になるとは考えてはいません。お互い、モスクワや北京を平時から戦略核兵器で照準しているのです。どちらも敵国首都を核攻撃することは最後の最後まで自制するだろうと見切っています。

ただしこの想像は、「核のドゥームズデイ」は、いつかはやって来るかもしれないという両者の「覚悟」とは、少しも背反しません。まず最悪の事態から考えておくのは、ユーラシア大陸に生きる国民の「戦略」のアプローチとして尋常なことだからです。

ロシア側では、中共の対露用の核ミサイルがどこに所在するのか概ねつかんでいるうえ、核弾頭数は中共よりも豊富ですから、いざというときには、中共に対する「外科手術的な核攻撃」（サージカル・ストライク）を選択することも可能です。

外科手術的な核攻撃とは、敵国の核兵器を、自国の核兵器によって、早々に一掃してしまうことです。

ただし相手国は、そうされることのないよう、敵国の首都を壊滅させるのに必要な最低数量の核兵器を、地下トンネル内に厳重に隠しておくなどの方法で、反撃力を温存するように努めるものです。

ロシア軍が、一基でもそれを見逃して、使われる前の全数破壊に失敗してしまえば、首都モスクワは中共からの核反撃を受けてしまい、それはロシアという国体にとっては耐え難い損害になるでしょう。

また、米軍はロシア軍よりももっと確実に、中共に対する外科手術的核攻撃を遂行する能力を持っています。実際にそれが選択された場合、おそらく米本土の大都市に対する一発の核反撃も、中共は不可能になるでしょう。しかし中共にとってありがたいことには、アメリカ政府には、それをする気がありません。アメリカ人は、戦後の「人気」「評判」をひどく気にするからです。

他方、米軍にも、ロシア軍に対してだと、外科手術的な核攻撃を遂行する自信はありません。したがって、米露間でいきなり緒戦から全面核戦争がスタートする蓋然性はほとんどないといえるのですが、最初に小規模な限定核戦争が始まり、それが徐々にエスカレートして、最後は米露の全面核戦争になってしまうような可能性がないとは、誰にもいい切れないわけです。

その事態が、ロシア政府にとっての「核のドゥームズデイ」でしょう。

もしもそのようにして将来、米露関係が全面核戦争に至ったときに、ロシアはその「終戦後」の中共パワーの増長を懸念して、あらかじめ将来の脅威源を除去しておくべく、使える戦略核弾頭の一部を北京以下の中共の諸都市に向けて発射する蓋然性は高い。中共は、それによって自分たちの「核のドゥームズデイ」も自動的に始まってしまう公算がいちばん高い、と考えているはずです。

簡単にいい直せば、ロシアにとっての「核のドゥームズデイ」は、否応なく、中共にとっての「核のドゥームズデイ」に直結します（実は、この中共と類似した立場には、わが国も置かれています）。

米露戦争が、ロシアの「核のドゥームズデイ」を招来すると、それはただちに中共にとっての「核のドゥームズデイ」を結果するでしょう。

その際には中共は、最大の脅威源であるロシアと刺し違えるため、大部分の戦略核弾頭を主にロシアの大都市に対して投射するつもりでいます。他方でまた「戦後の内戦」にも備えて、できるだけ多数の短射程の戦術核を、使わずにキープしたいとも念願しています。

と同時に、中距離核兵器の相当部分は、インドや日本や韓国の「終戦後」の増長を予防するために「配当」する気でいるのです。

この場合——すなわち「核のドゥームズデイ」が中共にとっての現実になったとき——には、横須賀軍港も嘉手納空軍基地も、中共から見て「攻撃する甲斐がある目標」では、もはやないかもしれません。

中共がロシアをさしおいて単独で米軍と直接、核戦争に移行した場合だと別ですが、まず米露間で核戦争が始まり、そのあとでロシアが中共を巻き込むという、ありそうなケースでは、ロシアが中共の代わりに主要な在日米軍基地を核攻撃していることが考えられるからです。

ただ、ロシア軍による対日核攻撃の目標選定、それから、インドと中共のあいだでの核戦争の様相までも、本書において詳細に検討するとなれば、とても紙数が足りませんから、以下ではごく簡単にしか触れぬことにします。ご諒解ください。

中共指導部の立場になり切りましょう。米・露・中・印・パキスタン・北朝鮮のあいだの核の交換で、すっかり荒廃した極東〜西太平洋地域の新たな支配者として、隣国たる日本が浮上する事態を、彼らとしたら、できれば戦後二〇年間ぐらい、物理的に阻止したいのです。

しかもそれを、できるだけ少数の水爆弾頭で実行しなくてはならない……目標に選ばれるのは、間違いなく「東京都」です。

日本に向けられる水爆は数発以下

一国で四〇〇〇～八〇〇〇発もの核弾頭（その過半は戦術用）を保有していると見積もられているアメリカやロシアと並べてみますと、中共が持っていると推定される核弾頭の数は、戦略用と戦術用とを全部合わせても二六四～約四〇〇発前後（幅がある事情は後述）と、少なめです。

中共体制にとっての「核のドゥームズデイ」がやってきたとき、いったい何発の水爆が日本本土に指向されるのかが、読者にはとても気になるところでしょう。

ご安心ください。それは、たった「数発」のオーダーです。

理由は単純明快で、水爆は桁違いの破壊殺傷力を発揮するにもかかわらず、それでも理想的な「絶滅兵器」ではないことと、まさにそれゆえに、「核兵器は余らない」（＝保有国にとっては、いくらあっても安心ができない）からです。

数千発の核兵器を擁しているロシアやアメリカと恒久的にわたり合わねばならない中共は、それに加えて、国境で武力紛争を続けてきた間柄のインド軍の一〇〇発以上といわれる原爆（一部が北京まで届くミサイルに搭載されている）を無視することはできません。もちろん「核のドゥームズデイ」直後に、北朝鮮が原爆を振りかざして旧満州東部にまたがる広域古代帝国の復活を狙うような事態も、許すわけにはいきません。

また、核保有国パキスタンを後ろ盾にしたウイグル人が西域にイスラム国家の独立を宣言したり、台湾軍が上陸反攻してきたり、ミャンマーから国民党の残党が浸透して新政権を成都市あたりに樹立したりといった場合にも備えておかねばなりません。加えて、韓国や日本が核武装に舵を切ろうとする新展開も、絶対に「予防」しなければならないのです。

ロシア一国への備えだけでも、四〇〇発ではとても足りるまいと思われる水準ですから、周辺の非核国への「予防核攻撃」などでは目標をよくよく厳選し、配分弾頭数を最小限に絞って節約に努めるのでなければ、「核戦争後」の中共の政体（または中華民族国家）のサバイバルなど、あり得ない話になってしまいます。

おそらく、中共が「核のドゥームズデイ」を意識したときに、東京都心は三発前後の水爆の炸裂によって壊滅し、残念ながら東京に関しては、そこは半永久に人が住めない土地となるでしょう。しかし、大阪市を筆頭とする、日本国内の他のほとんどの都市は助かります。

……が、その解説に進む前にもう少し、「核弾頭は決して余りはしない」という、私たちが生きているこの世界の現実を、学習することにしませんか？

予備核爆弾が絶対に必要な理由

中共軍の核戦争プランナーにとって悩ましいのは、既に核武装国にして人口大国でもあるインドが「戦後の地域覇権」を握ることを防ぐため、「核のドゥームズデイ」に際しては、インド国内の軍事目標と核関連工場と大都市に対して、主敵であるロシア向けとは別に、それなりの数の核弾頭を配分することが必須なことです。

もし、ロシアがアメリカから受ける核攻撃の破壊が、広範かつ徹底的であるように見えた場合、中共としては、ロシア向けの弾頭数よりもインド向けの弾頭数のほうを増やす必要すら、あるかもしれません。

たとえば米軍が完膚なきまでに「蒸発」させてしまったシベリアのロシア軍基地（航空基地や中距離核ミサイル部隊の駐屯地等）に、中共のなけなしの中距離核ミサイルを後から重ねて投射するぐらい、無意義で損な軍事資源（そして政治資源でもあります）の浪費はないでしょう。

そうした無駄撃ちをやらかして、「ああ、損した」と臍を噛まぬようにするためには、核保有国は、本格的な核戦争に突入したあとも、できるだけ多くの「予備の核兵器」を手元にキープしておくのが悧巧です。

今日、核爆弾は、どんな大国だろうと、みずから全面核戦争を戦いながら国内の工場で量産するというわけにはいかぬものです。すなわちそれは、使えば使っただけ減ってしまう「貯金」。自国の核兵器ストックの減耗は、そのまま、爾後の世界における「政治オプション」と「権力」の減少を意味してしまうのです。

考えてみてください――。

世界核戦争が終了したとき、一方にはまだ数百発の戦略級核弾頭を残している国があって、他方には、数発の戦術級核弾頭（射程がすこぶる短く威力の小さい核弾頭）しか残っていないという国があったならば、後者としては、もう前者の言いなりになるほかないでしょう。

あるいはまた、広東省とか武漢市とか山西省とかの中国大陸の一隅に、北京政府に逆らう「新政権」の樹立が宣言され、中共軍の一部も寝返ってそれに加わり、陝西省（その西安市の南西にある秦嶺山脈の地下には中共軍の核弾頭を平時にまとめて貯蔵しておく一大基地があります）を経て北京に進軍してきたというような場合……もしも中共政府の手元には一発の原爆も残っていないのだとバレてしまったなら、そこで中国共産党は万事休す、のはずです。

何発あっても足りない核弾頭

核超大国であるアメリカとロシアですらも、核弾頭は「余っている」わけではありません。それはなぜか？

まず、お互いに数百基抱えているＩＣＢＭ（大陸間弾道ミサイル）は、そのほとんどが、相手国の数百基のＩＣＢＭを地上で（それが発射される前に）、サイロまたは発射車両ごと破壊してしまう目的のために、消尽されてしまう定めです。

大統領が核攻撃命令を下してから、実際に核兵器が投射されるまでの時間が最も短い

（それは五分から七分のあいだだと思われていますが、正確なところは不明）のが、ＩＣＢＭです。

これがＳＬＢＭ（潜水艦発射弾道ミサイル）ですと、衛星経由での発射命令の信号を水中の潜水艦に確実に受信させるのにも、それを潜水艦内で確認するのにも、手間と時間がかかり、おそらく一基目の発射までには、優に一五分から三〇分以上が過ぎてしまうでしょう。発射されたあとは、ＩＣＢＭと同じく三〇分以内に敵国土へ落下して炸裂しますが……。

戦略爆撃機は、離陸こそすばやいのですが、敵国近くの空域まで到達するのに、何時間ものフライトが必要です。巡航ミサイルも、いまのところ、核弾頭を搭載した戦略射程のものは、亜音速（ジェット旅客機と同じ速度）でしか飛翔はできません。つまり国際線の旅客機で数時間かかるような国にならば、巡航ミサイルもまた、数時間後でないと到達はしてくれないわけです。

ですから米露は、互いの本土にある数百ヵ所のＩＣＢＭサイロを、手持ちのいちばん高速なＩＣＢＭによって、まず急いで破壊しようとするのです。

冷戦中には、ソ連軍も米軍も、サイロ内に格納配備していた大型ＩＣＢＭの頭部に、複数発のＲＶ〈再突入体――そのなかに一〇〇キロトンから数メガトンのイールド〈爆発出力〉の一個の水爆が封入されている〉を搭載していました。

そういうのを「ＭＩＲＶ」（複数個別誘導弾頭）と呼ぶのですが、敵国の「ＭＩＲＶ」の核ミサイルは、それが発射される前に地上で破壊せねば、すぐに味方のＩＣＢＭサイロが敵のその複数のＲＶによって一挙に破壊されてしまう結果を招来するわけですから、破壊に成功するかどうかは、どちらにとっても大事でした。

サイロというのは、地下に垂直に設置された鉄筋コンクリート製の巨大な円筒シャフトです。そのセメントのなかにも金属の微細な繊維を混ぜてあり、「一平方インチあたり二〇〇〇ポンド（約六・五平方センチあたり約一トン）」という想像を絶する爆圧にも耐えられるぐらいに「硬化」させてあります（米空軍の「ミニットマンⅢ」用のサイロに関する公表値。ちなみに普通の鉄筋コンクリート造りのビルですと、一平方インチあたり二〇ポンドの爆圧がかかれば壊れます）。

もちろんサイロの天井は、発射する直前まで分厚い「蓋」が覆っています。敵軍のＲＶは、よほど正確にその真上の超低空で炸裂しない限り、サイロ内のＩＣＢＭを破壊することはできません。

図表4　MIRV＝複数個別誘導弾頭のしくみ

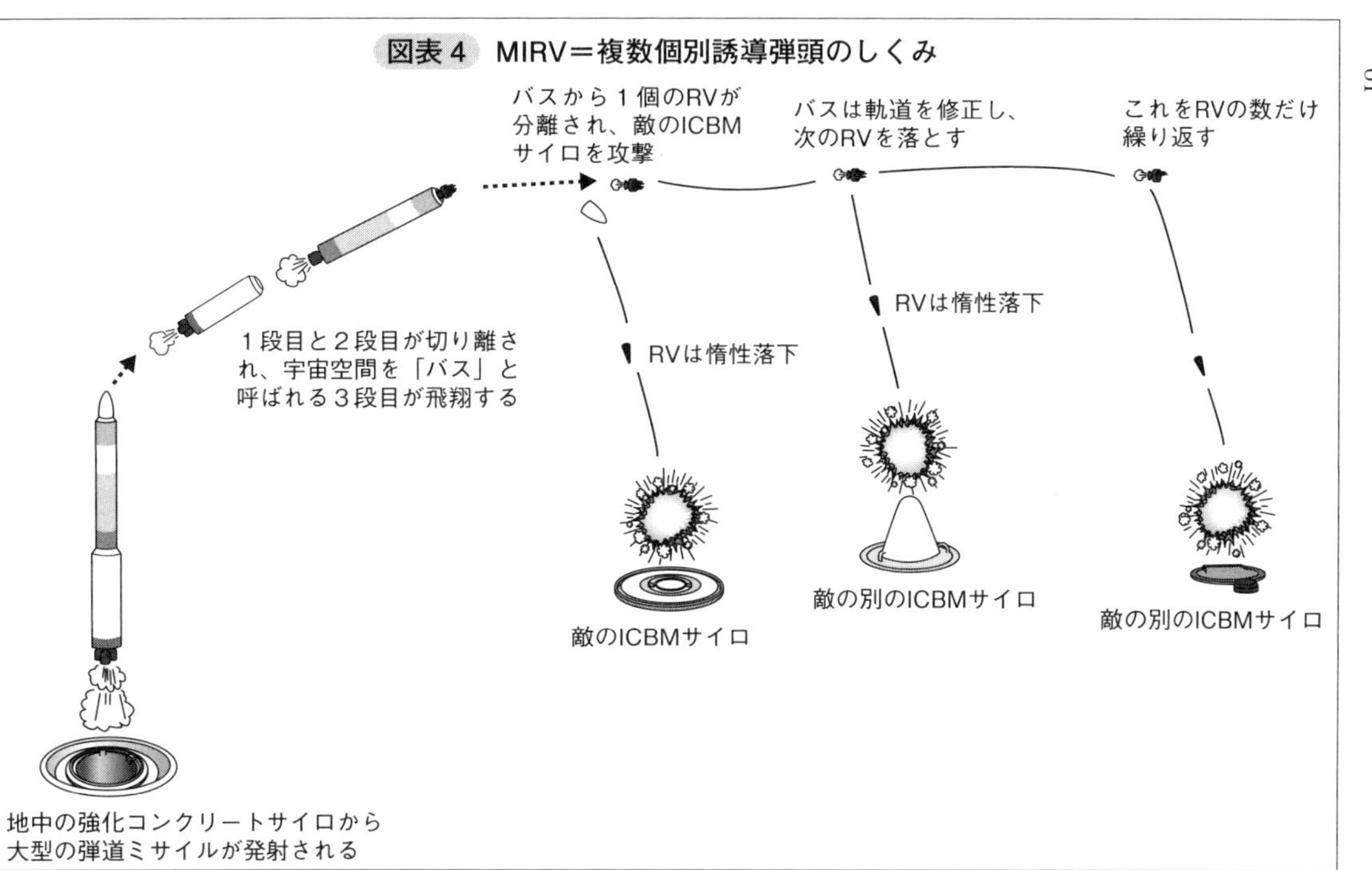

しかし、もしもサイロから一四〇メートル以内の超低空でRVが爆発すれば、そのRVのイールドは、理論上は一〇〇キロトン（一メガトンの一〇分の一）以下でも、地下のICBMを破壊するのに十分とされます。この「誤差一四〇メートル以内」の精度を、核業界では「絶対精度」と呼んでおり、米軍のICBM「ミニットマンⅢ」とSLBM「トライデントD5」は、この絶対精度を早くから実現していたのです。

余談ですが、RVの着弾精度が悪いと、弾頭の爆発威力をいくら大きくしても、ICBMサイロや地下司令部の破壊には失敗します。爆弾の毀害エネルギーは三次元空間に放散するため、爆心からの距離の二〜三乗に反比例して弱まるからです。マッチの炎からほんの少し離れただけで、もはや熱は感じ取れないのと同じです（もっと正確にいえば、爆圧は距離の三乗に反比例して急減衰し、放射線および熱線は距離の二乗に反比例して減衰するとされています）。

別角度からいいますと、もし敵サイロに対する命中精度を二倍にできるならば、破壊に必要なRVのイールドは「八分の一」で済んでしまいます。

しかし、ロケットにもRVにも「故障」や「はずれ」や「不発」があり得ます。ターゲットに関する命令受信のしそこないもあるでしょう。

ですから、あるターゲットの破壊の確率をできる限り一〇〇%に近づけるためには、たとえば一ヵ所の敵ＩＣＢＭのサイロに対して、念を入れて三発とか四発のＲＶを配当するのが理想的です。それでも計算上、決して一〇〇%の破壊が期待できることにはなりません。

たとえばここに、ある頑丈（がんじょう）な施設があって、それは半径一〇〇メートル内で核兵器が一発爆発すれば、完全破壊されるものと仮定をしましょう。そして、敵軍の核ミサイルの精度は、二発を発射すれば、そのうちの一発が、半径一〇〇メートル以内に落下するレベルだとします。

すると確率論の簡単な計算によって、敵はその施設に対して一基のミサイルを配分しただけでは、破壊確率として五割しか期待はできないことが分かりますよね。その同じミサイルを二発配当すれば、破壊の確率は七五%まで上がります。三発配分すれば八七・五%となり、四発配分すれば九三・七五%です。リアル世界では、このくらいで納得をしておくべきでしょう。

しかし厳密な理論の世界では、いかほどＲＶを同じ目標に重ねて配分しようとも、その破壊確率は絶対に一〇〇%にはなってくれないのです。

お互いにそこまで気を揉んでいるのだとすれば、「これでもう弾頭数は十分足りている」という水準は、核大国にとってさえ、どこにもないのだということを、理解できると思います。

北朝鮮の精密ミサイルは夢物語

米ソ冷戦の最終段階であった一九九〇年には、米軍（ＩＣＢＭの所属は米空軍です）には、いつでも発射できるＩＣＢＭが一〇五〇基あって、そこに合計で二〇〇〇発ぐらいのＲＶを搭載していました。ＩＣＢＭの一部だけを「ＭＩＲＶ」化していたことになります。

これは、「バス」と呼ばれる中間飛翔体から、宇宙空間において（すなわちミサイルが上昇を開始して五分後くらいから）ＲＶを次々と分離するときに、どうしても検出・微修正しきれない「狂い」が溜まって蓄積されていく。そのため載せる弾頭数が多ければ多いほど、単弾頭ＩＣＢＭに比べ、着弾精度が悪くなってしまうというＭＩＲＶの不利を重視したことの他、アメリカ大統領として「素早い一発だけの核攻撃」を欲するシチュエーションもあるので、全ＩＣＢＭを複数弾頭化することは敢えてしないのです。「ならず者国家」の出現に備え、柔軟な核オプションを確保できるわけです。

米ソ冷戦の終了後は、米露間の新戦略兵器削減条約によって、米軍のＩＣＢＭの（予備用を除く）実戦配備数は四〇〇基にまで削減されています。しかも、米軍は自主的に、そのすべてを単弾頭にしました（したがってＩＣＢＭ用の即応ＲＶは全部で四〇〇発）。

これはロシア側に保有がゆるされているＩＣＢＭ、計三三二基（その多くはＭＩＲＶです）に対して、「それぞれ一発だけの攻撃で地上破壊する自信あり」という言外の余裕表明にもなっています。

あまり報道されませんが、実は、それほどに、米露の戦略核軍備は、冷戦末期において「技術的信頼性」の格差が開きました。先にも書きましたように、勝敗の鍵は、イールドを足し算した総数ではなく、一発一発の「精度」と、機械的な信頼性です。

たとえばアメリカが水中の潜水艦から発射できる「トライデントＤ５」という長距離弾道核ミサイル（一基につき最多で一四個までＲＶを詰め込めますが、現在は新戦略兵器削減条約に従い八個以下に自粛）は、一九八九年から二〇一六年までに一六五回もの発射テストに成功しています。この記録に並ぶような長距離ミサイルは、世界のどこにもありませんし、それだけでなく「トライデントＤ５」のＲＶの命中精度は、飛距離七四〇〇キロメートル先において、目標から三〇〇フィート（約九二メートル）以内という驚異的なものです。

地球の重力は、場所によって微妙に異なります。アメリカは、何十年もかけて、多数の人工衛星を使って、宇宙軌道空間における「重力地図」を作製してきました。その重厚なデータと軍用精度のＧＰＳがあるからこそ、戦略級ミサイルの超高精度が実現しているのです。「重力地図」を持っていない北朝鮮などには、長射程ロケットを精密に落下させることは、最初から夢物語なのです。

米露は互いに、潜水艦から発射できる核ミサイルも多数保有（アメリカ三三六基、すべてＭＩＲＶ。ロシア一九二基）しています。

ロシア製のミサイルの精度と信頼性がいくら劣るといっても、その半数でも米本土の都市の上に到達すれば、結果は考えるまでもないでしょう。全面核戦争となれば、互いの本土の大都市の大半は水爆で破壊されると、米露はどちらも覚悟するしかありません。

しかしその計算もある一方で、同時に両国としては、潜水艦発射式の核兵器を、全面核戦争後もできるだけ温存しようと考えます。さもないと、両国以外の核保有国に対する戦後の睨(にら)みが利かなくなってしまいます。

核兵器は、戦略級射程のものばかりとは限りません。米露は新戦略兵器削減条約下でも、合計一万五〇〇〇発もの核弾頭を抱えています。その多くが戦術用です。

けれども、それら戦略用ではない戦術用の核兵器も、互いの市町村ではなくて、互いの戦術核兵器や軍事施設を照準していることが多いわけです。敵国の核兵器を少しでも破壊することは、それほどに重要で、価値があるのです。

それゆえに、こんなにも多数の核兵器を使用可能であるのにもかかわらず、「全面核戦争となればわが国の全市民は死滅するだろう」とは、国土が広大な米露の指導部のどちらも思いませんし、さりとてまた、「これでわが国は敵からの核攻撃から安全になった」という安心も、米露のどちら側にもないというのが現実です。

貯蔵された核爆弾の数は不明

ここで、核弾頭の数量のカウントのむずかしさについても解説を加えておこうと思います。

二〇〇九年三月、ロシアのイタル・タス通信社は、ロシアの保有する核弾頭数が一万五〇〇〇発から一万七〇〇〇発のあいだであると報じました。

二〇一〇年四月六日付けの「ニューヨーク・タイムズ」紙の社説では、この時点で米露は合計二万発の核爆弾を持っており、アメリカは五〇〇発の戦術核兵器をしっかり管理しているのに対し、ロシアには三〇〇〇発以上もの戦術核があり、それが誰かによって盗み出される恐れが払拭（ふっしょく）できない、と心配をしています。

そしてアメリカのバラク・オバマ政権は、二〇一二年、「ロシアには四〇〇〇発から六五〇〇発の核弾頭があり、そのうち二〇〇〇発から四〇〇〇発は戦術核だ」といいました。

また「Bulletin of the Atomic Scientists」誌二〇一七年一月号に、クリステンセン氏とノリス氏の二人が寄稿した「United States nuclear forces, 2017」というタイトルの論文によれば、アメリカには、戦術核も含めて核弾頭は六八〇〇発あり、配備済みの戦略核弾頭は一五九〇発であるそうです。

他方、イギリス国際戦略研究所刊行の二〇一七年版『ミリタリーバランス』や、同じく定評あるＳＩＰＲＩ（ストックホルム国際平和研究所）データベースを参照して書かれている『平成29年版　日本の防衛　防衛白書』の資料ページには、アメリカの核弾頭数が約四五〇〇発、ロシアは約四四九〇発（うち戦術核約二〇〇〇発）だと紹介されています。

なぜ、こんなにも数値の差異が生ずるのでしょうか？

実は、核弾頭を数えることからして、簡単ではないのです。

中共保有の核弾頭数も、正確なところは、誰にも分かっていません。おそらく、習近平にも把握することはできないでしょう。

中共軍の核弾頭数は、二〇〇三年頃には四〇〇発だといわれていましたが（たとえば小都元著『核武装する北朝鮮』など）、二〇一六年三月の最新の一推計では、二九〇発となっています（『平成29年版　日本の防衛　防衛白書』では「約二六〇発」）。

これは「減った」ともいえるし、「減ってない」ともいえるし、「いや、むしろ増えているはず」ということも可能なのです。読者のみなさんも、さぞかし混乱させられることでしょう。

天文学的な値段の核爆弾の部品

核弾頭（または核爆弾）を正確に数えるのは、当の核武装国が自軍の棚卸しをしようという場合でも、なにゆえ一筋縄ではいかないのでしょうか？

まず、どこの国でも、すべての核弾頭を、いつでも使える状態でスタンバイさせるようなことをしていません。

さすがに、陸上の固定式のサイロに収容している米露の戦略弾道ミサイルの核弾頭の多くは、いつでも使える状態なのだろうと想像されます。さもないと、敵国からの奇襲的な先制核攻撃を受けたときに、自国の貴重な核兵備がサイロ内で全滅するばかりとなるからです。

しかし、即応用ではない核弾頭は、使用が決定される直前まで、複数の部品にバラされて保管されていることが多いのです。

米軍が航空機から投下する水爆（重力落下式爆弾）の場合、普段は「コンポーネント」と「コア」の二塊に分離して保管しています。

爆弾の形をしているのがコンポーネントです。その中核部にテニスボール大のコアを挿入することで、水爆ができ上がります。コアなしでは、核爆発（連鎖反応）は決して起きません。

コンポーネントには、このコアを瞬時に押しつぶし、最初の核分裂連鎖反応をスタートさせるのに必要な特殊火薬とその発火機構、および核分裂反応を受けてから「水爆」として働く核融合反応部分が装置されています。

コアは、核分裂物質（プルトニウム２３９もしくはウラン２３５もしくはその両方）の中空ボールで、その中空には胡桃(くるみ)大の「イニシエーター」が収まります。

イニシエーターは三層構造で、中心部には常にアルファ線を出して崩壊し続けているポロニウムが置かれ、そのアルファ線はアルミ箔(はく)によって封じ込められています。イニシエーターの表皮層はベリリウム金属で、起爆装置の特殊火薬がコアごと圧縮することにより、このアルミ箔が壊れ、それによってベリリウム層がアルファ線を照射され、その結果、大量の中性子がベリリウムから飛び出して、核分裂連鎖反応を早く進行させて「完爆」を助けます。

強化原爆もしくは水爆の場合には、重水素や三重水素（トリチウム）の混合ガスも「コア」に封入されており、それが「中性子ブースター」となって、爆発威力を著しく増強するともいわれています。

投下爆弾ではない、弾道ミサイルの弾頭であった場合は、これがコンポーネントではなくてＲＶ（再突入体）となるわけです。ＲＶにはコアの他、バスケットボール大の自律誘導装置も組み込まれます。その中核メカは加速度を精密に検知する「ジャイロ」機構です。この誘導装置だけでも、天文学的な値段だといいます。

イニシエーターのポロニウムは時間とともに放射能が弱まってしまうので、定期的に新品に更新していく必要があります。これにも大金がかかります。

コンポーネントやＲＶやミサイル本体も、イニシエーターほどの頻度ではないにしろ、常に点検をし、もし経年劣化等が認められたならば、部品を新品と交換するなどのリファービッシュ処置を施し、また技術の進展に合わせて適時、改修も実施していきます。そうでないと、将来の実戦で、即応兵器として頼りにすることができなくなります。

もし国家の予算不足などの事情から、多数のイニシエーター、コア、またはコンポーネントなどのメンテナンスがずっとなされずにいるとしたなら、コアだけ、もしくはＲＶやコンポーネントだけが倉庫に仕舞われていても、「これはいまのところ核弾頭として数えることができません」ということもできます。

コアの製造単価や管理コストも安いものではないので、よほど自国を巡る国際情勢が悪化でもしない限り、どの国でも予算措置的に優遇はされません。

そのため、「数年前まで四〇〇発即応できた核爆弾が、今年は二〇〇発しか用意ができていない」ということだって、あり得るのです。

しかし核兵器新調の予算さえ付くならば、旧式ミサイル弾頭を廃棄して、その古いコアの素材を新しいコアに作り直すことは、比較的に短期間でできます。その場合、帳簿上の「使える核弾頭」の数も、一挙に増えることになるでしょう。

ちなみに二〇一七年、中共は一四トンから一八トンの核兵器級の高濃縮ウランと、一・三トンから二・三トンのプルトニウムを貯蔵していると推定されています。これらをすべて核弾頭の材料に仕立てますと、七五〇発から一六〇〇発くらいもでき上がるそうです。仮にそのストックがなかったとしても、二〇二〇年までには、中共の核燃料生産体制は毎年七〇〇発の核弾頭を量産し続けてもお釣りが出る（それとは別に原子力発電用燃料にも事欠かない）くらいになる模様です（ついでながら日本は一一トンものプルトニウムを再処理して保有し、六ヶ所村の再処理工場が本格稼動すれば、年に八トンずつその量が増えていくそうです）。

ＩＣＢＭ総数を米露に見せる中共

このように総弾頭数は闇のなかなのですが、それを投射できる中共軍の長距離弾道ミサイルの配備数については、自前の高性能スパイ衛星を運用できる先進国軍の情報部には、おおよそ把握ができているようです。

ただし、そのミサイルには、平時は核弾頭が搭載されていない可能性が高いことに留意が必要です。これは米露の核ミサイルとの大きな違いだといえます。

まず、中共が北米の大都市攻撃用として河南省や湖南省の三ヵ所のサイロ基地に配備しているＩＣＢＭは「東風５」の改良型で、全部で二〇基前後（プラスマイナス二基）。その半分の一〇基前後が三個のＭＩＲＶにされており、そのＲＶ一個のイールドは一メガトンから三メガトンのあいだだろうと推定されています。残る一〇基前後は、五メガトンの単弾頭です。

　この「東風５」をＭＩＲＶ化する研究は、二期目の米レーガン政権が「ＳＤＩ」（ソ連のＩＣＢＭを全部宇宙で迎撃してしまおうという構想。通称スターウォーズ計画）をぶち上げた年に着手されたことが分かっています。

「東風５」は、単弾頭のものもＭＩＲＶのものも、現在では、いずれもサイロ内に格納されて待機しています。しかしながら核弾頭は、平時には発射基地内の倉庫に収納されているという、ペンタゴンから二〇〇〇年にリークされた話が報道されています。それは中共によって、否定も肯定もされていません。

　アメリカの国家偵察局等には当然、真偽が分かっているはずです。が、彼らも口が堅くて、やはりそれについて公式に言明したことは一度もありません。

加えて「東風5」は、発射前のロケット燃料注入に一時間弱もかかってしまうらしいので、中共内部の通信を傍受していれば、米軍はＩＣＢＭ発射の兆候を察知し、先手を打って破壊することができると想像されています。

太平洋やインド洋の原潜からは三〇分で「トライデントＤ５」の四七五キロトン弾頭が八個単位で到達することを思い出してください。一隻の米原潜はそれを二四基もつるべ撃ちすることができるのです。

この「東風5」を更新するべく、固体燃料式で、かつ鉄道機動式とした「東風41」がＭＩＲＶであることは盛んに宣伝されています。が、中共としては、あくまでサイロ式ＩＣＢＭをアメリカとの共存ゲームの象徴アイテムとして使いたいらしくて、「東風41」の実戦配備（「東風5」をリプレイスする）は、意図的に遅らされています。

アメリカのドナルド・トランプ政権が二〇一七年にスタートした直後に、中共の宣伝メディアは、「旧式な『東風5』を、地上機動式の最新鋭の多弾頭のＩＣＢＭに更新してもいいのか？」と、アメリカ人に向けて脅(おど)しをかけるような宣伝ニュース・ビデオを放映しました。これは、脅しとはまさに逆(さか)さまに、アメリカとのＩＣＢＭ競争を本音では望まないことを認めたようなものです。

「東風5」は、実戦用というより「アメリカが中共の大国としての地位を認めている」という「象徴」そのものであり、これからもできればそうしておきたいという意思表示なのだろうと考えられます。

中共の財力をもってすれば、二〇基くらいのリプレイスは何年も前に、とっくに完了していてもよい話なのですからね。

次に、中共がロシア西部（モスクワやサンクトペテルブルグやウラル山脈の核兵器工場等）を攻撃するために二四基から三二基を展開しているのが、トラックに載せたまま陸上を移動できるＩＣＢＭの「東風31」です。固体燃料ロケットなので、発射準備はトラックの停止後、一五分で整うとされています。

ロケットの全重が四一トンで、射程は八〇〇〇キロメートル。投射重量（ペイロード）は七〇〇キロで、この重さ以内で実現できる水爆弾頭は、中共の技術ですと、二五〇キロトン～一メガトンの単弾頭か、五〇キロトンの三個のＭＩＲＶまでのようです。ちなみに「東風41」のペイロードも八〇〇キロといいますので、ほとんど差はないのでしょう。

「東風31」の射程が八〇〇〇キロメートルあるということは、発射する場所や方向を変えれば、理論上、米本土の一部にも届くことになるはずです。けれども、この「東風31」が対米用でなく対露用であることは、偵察衛星を持つ国々にとっては、疑う余地のないことであるそうです。

サイロ式の「東風5」と違い「東風31」は車両機動式。その車両ごと山奥の地下トンネルなどに隠してしまえば、総数も展開数も、ごまかすことはテクニカルには可能でしょう。が、中共はいまのところ、ＩＣＢＭの総数を米露に対して隠蔽（いんぺい）するための工夫は敢えてしていないそうです。

非核と核のミサイルは判別可能

日本や韓国や台湾やインド、あるいは太平洋域の米軍基地を核攻撃するための中共軍の中距離弾道核ミサイルとしては、旧（ふる）い液体燃料式、かつサイロ内配備の「東風４」が一〇基ほど旧満州地域にあるほか、それに加えて、比較的に新しい固体燃料式、かつ車両機動式の「東風21」の核弾頭付きが一三四基ほど、各地に所在しています。

「東風４」の弾頭は二メガトンの単弾頭といわれています。旧いものなので、その水爆の重量は二トン強あるようです。もし、射程を二千数百キロメートルではなく四〇〇〇キロメートル以上に延ばそうと思ったら、このRVは一〇分の一ぐらいにも軽量化しなくてはならないでしょう。その場合、イールドはせいぜい一〇〇キロトンから二〇キロトンまで減ります。グアム島までを狙いたいのなら、その選択はあり得ます。

古い「東風4」がいまだに全廃されていない理由は、そのメガトン級の大威力の水爆弾頭には、捨てがたい価値があるからでしょう。また後述しますが、中共軍の古いメガトン級水爆は、「3F」方式という、あまり洗練されていない構造になっている可能性もあります。発射する前に敵国の核兵器によって先制破壊されてしまうリスクが高い「サイロ式」であるという不安感が付きまとうため、中共にとっての「核のドゥームズデイ」が意識されたときには、この一〇基は温存されることはなく、すべて発射されます。

その場合、東京都には、これが一発以上、落ちてくる可能性があります。

かたやトラックで道路上を移動することができる「東風21」のペイロードは六〇〇キロで、中共の核弾頭技術（米軍の「W88」という最新核弾頭に採用された非球形のスリムなコアを一九九〇年代初期に模倣）では、一発の二五〇キロトン弱の水爆を載せることができるだけだと考えられています。

中共側は、「これもMIRVにする」というハッタリ宣伝に努めています。しかし現実には、「東風21」には、一個のRVと複数のデコイ（囮弾頭。宇宙空間でバルーンを膨らませて放出すると、そのアルミ蒸着表皮が相手国のレーダー電波を反射することにより、MIRVのように映る。真弾頭がどれなのかを判別されにくくするもの）を混載し得るだけでしょう。

デコイも本格的な性能を狙うとシステム一式が二五〇キロもの重量になります（一九七〇年代にイギリスが保有したSLBMの例。二七個のポリバルーンを放出できる仕組みだった）。「東風21」に載せる余裕は、あまりなさそうですね。

中共は、核戦争になっても、この一三四基の「東風21」のうちできるだけ多くを「戦後の切り札」として、後々まで温存したいはずです。「核のドゥームズデイ」を意識して核弾頭付きの「東風21」の過半を使用することに踏み切った場合も、ほとんどは、極東ロシアや、インド国内の標的が吸収することになるでしょう。

くどいようですが、核弾頭は決して「余る」ことはありません。

なお、中共は「非核弾頭」を取り付けた「東風21」も少なからず展開しています。しかし、高機能なスパイ衛星を運用できる国には、非核の弾道ミサイルと核攻撃用の弾道ミサイルを混同してしまうことはないようです。それを直接に管理して運用する部隊の構成や訓練が、まるで違っているからだそうです。

中共軍の悩みはオーストラリア

二〇一四年以降、中共は「東風21」の射程を延ばした「東風26」を、グアム島攻撃用に展開するようになりました。これは現在、一六基ぐらいあるといわれています。

もともとグアム島には、一九六〇年から米海軍の「ポラリス」原潜（射程がまだ短かった旧いＳＬＢＭを発射できました。そのＲＶは、最終型では、ショットガンのように三個の小型水爆がひとつの都市に向かって散開して落ちていく「ＭＲＶ」という方式になっています。個別に精密誘導されるＭＩＲＶの一段階前の技術です）が中国本土近海を遊弋するようになったとき、その原潜の活動を支援する拠点軍港が所在しました。

それゆえ中共が、一九六五年に「短射程から長射程の核ミサイルをフルセットで開発する」と決定したときから、グアム島はその主要ターゲットのひとつでした。

核弾頭を搭載した短射程の弾道ミサイルで九州の米軍飛行場を破壊し、中くらいの射程の弾道ミサイルではフィリピンのクラーク空軍基地（一九九二年一一月に返還）を破壊し、さらに少し射程が長い弾道ミサイルでグアム島およびモスクワを照準し、その上のＩ

CBMでアメリカ東部を脅威してやろう——というのが、一九六〇年代当初の中共の核開発計画だったのです。

この方針は一九六九年に大転換されて、しばらくのあいだアメリカ向けの核戦力構築は控えられ、専ら（もっぱ）ソ連向けに核ミサイルが展開されるようになったのです。

ところで、中国大陸の海岸線からグアム島までは、正確にはどのくらい離れているでしょうか？

最短地点を結べば三〇〇〇キロメートル弱です。が、ギリギリやっと届くようなミサイルでは、実戦で使い物にはなりません。それを発射する場所が限定されるおかげで、米軍はその狭い地域だけを集中的に見張っていて、発射車両やその支援車両が出現したらすぐに空襲し、破壊してしまうことができるからです。

しかし、山東半島の南麓から香港以北の海岸部のいずこをも射点として選び得るようになったならば、さしもの米軍も、監視対象の範囲は絞り切れなくなって、中共軍のミサイル大隊の生残率は飛躍的に高まるでしょう。そのために必要な射程は三五〇〇キロメートルぐらいでしょう。

もともと一八〇〇キロメートル弱の射程しかなかった「東風21」の弾頭をいかに小型化

し、ロケット筒体の素材等も軽くし得たとしても、技術の相場値としては、（弾頭を二〇キロトンの軽量原爆一個に制限したとしても）せいぜい二六〇〇キロメートルくらいに延伸するのがやっとではないかと私は思うのですが、真相は謎です。

目下の中共軍の大きな悩みは、オーストラリアに所在する米軍基地を攻撃するための適当な核ミサイルがないことだと思われます。

海南島の対岸である広東省湛江市から測っても、オーストラリア北海岸のダーウィン市（米海兵隊がローテーションで駐留中）までは四四〇〇キロメートルくらいもあるのです。さらにオーストラリア本土南端のメルボルン港（潜水艦造船所にも近い）までとなりますれば、もう七五〇〇キロメートル以上です。

ここで、中共が射程四五〇〇キロメートルを超える新種の移動式弾道ミサイルを配備することには、独特の困った問題が付随します。

といいますのは、そのミサイルは、中共領土内からモスクワを核攻撃する手段にも使えることになってしまうため、政治的に、ロシアとの関係を不必要に険悪化させてしまいかねないからです。

まして、射程八〇〇〇キロメートル以上の弾道ミサイル（それは国際軍備管理のカテゴリーではまぎれもなく「ＩＣＢＭ」だと分類される）を増やすとなったら、ロシアだけでなくアメリカも、新次元の対中核戦争プランを打ち出さなくてはならないでしょう。

しかも、四五〇〇キロメートル以上もの距離を飛ぶ弾道ミサイルは、もし弾頭を非核にすれば、それが破壊する敵の資産よりも、ロケットを製造するのに要した自国の費用のほうが高額となって、発射すればするほど攻撃者の中共が貧窮するだけだという、財政学的なジレンマもあります。

さりとて、核弾頭装着タイプしかない、対オーストラリア専用の「ＩＣＢＭ」を整備したとしても、それによってオーストラリア政府がアメリカと絶縁してくれるといった外交上の利益が得られるだろうとは、とても思えませんよね。むしろオーストラリア国民が中国人を嫌うようになるだけかもしれないのです。

中共軍の核弾頭は「非即応」状態

総計二〇〇発とも、または四〇〇発ともいわれる中共軍の核弾頭のほとんどは、「非即応」状態で山奥の貯蔵庫深くにしまい込まれているようです。

カタログ上では、「轟炸(ごうさく)6」（一九五〇年代にソ連で開発された「ツポレフ16」を独自に発展させた）という双発ジェット爆撃機の一部、五〇機ほどが、核攻撃用に整備されている——ということになっています。

が、これは先進核兵備大国である米露二国が、ＩＣＢＭ、ＳＬＢＭ、爆撃機からなる「核の三本柱」を揃えていることに、中共としてせめて外見上で追随したいという気概を示している「大道具」以上の存在ではありません。

「轟炸６」は、ステルス設計でもなければ、超音速機でもなく、超低空侵攻能力もありません。先進国軍隊の前へ出て行けば、あっけなく撃ち落とされるしかないものなのです。

それでも、長射程の空対地巡航ミサイルに核弾頭を載せて空中から発射すれば使い物になるではないか——という反論は理想論としては成り立つのですが、米軍のように過去何百発も実戦で長距離巡航ミサイルを使い込んできているようなユーザーでない限りは、なけなしの核弾頭をそこに仕込んで発射しようなどという気には、現実的にはならぬものです。

途中で墜落したり不発に終わって、敵手（てきしゅ）に核兵器が渡ってしまうという確率が高いためです。

一方、複雑なシステムである巡航ミサイルと比較しますと、爆撃任務もこなせる単座や複座の「ジェット戦闘攻撃機」から投弾する、シンプルな「重力落下爆弾」としての水爆は、信頼性が高いものです。運用母機の調子が万一悪ければ、爆弾を抱えたまま基地に引き返してくれる、という点が、中共政府にとっては大きな安心材料です。

水爆を抱えたまま他国へ亡命しそうなパイロットなど、平時において見逃されることはありません。非核部隊のパイロットとは、監視の水準が違うからです。

中共製の初期の投下式核爆弾については、アメリカの「エアー&スペース・マガジン」誌のボブ・バージン記者が、昆明（こんめい）市で中共空軍の退役パイロットにインタビューをした「One of China's top test pilots recalls the H-Bomb that almost backfired」という記事が具体的で貴重なので、ご紹介しておきましょう。

一九六四年に初の原爆実験に成功した中共は、さっそく、核爆弾を運搬できる超音速攻撃機を国産しようとします。そしてソ連製の「ミグ19」戦闘攻撃機をベースにして航続距離を延ばした単座の「強撃5」が、ようやく一九六九年末に仕上がりました。

周恩来（しゅうおんらい）がプロジェクトの総指揮者に任命され、一人の信用できるテストパイロットが選ばれます。爆弾の模型は長さが二メートル、重さが一トンあって、「強撃5」の少し引っ込んだ腹部に取り付けられました。

当時の水爆の投弾方法は、落とすのではなく、投げ上げる方式です。「トス爆撃」といいます。母機が高度三〇〇メートルを時速九〇〇キロメートルで水平飛行し、攻撃目標まで一二キロメートルとなったところから四五度で急上昇。そのまま高度一二〇〇メートルに達したところで、爆弾をリリースするのです。

すると核爆弾は惰性で高度三〇〇〇メートルまで上昇し、そこから落下コースに入ります。そして、リリースから約六〇秒後に爆弾は空中で炸裂。それだけの時間が与えられれば、母機の「強撃5」は反転して安全な間合いをとることができると考えられました。この特殊な投弾方法の訓練は二〇〇回も反復されました。

しかるに、一九六七年六月に重さ二・二トンで爆発に成功させた水爆を、なんとか重さ一トンまで小型軽量化しようというプロジェクトが、予定されていた一九七〇年前半までには不可能であることが判明しました。

一九七一年九月に林彪(りんぴょう)事件(ソ連派の長老軍人として毛沢東とは政治路線が対立していた林彪が身の危険を感じ、ソ連に逃亡しようとして死亡した事件)が起きて、国内が動揺することを懸念した毛沢東は、なにがなんでも年内に水爆投下実験をせよと急(せ)かします。

記事では触れられていませんけれども、おそらく周恩来は、中性子ブースターを強化しただけの「原爆」をこしらえてとりあえず実験に間に合わせ、国内の軍人たち向けには「水爆の一種」だと説明することにしたのではないかと、私は疑います。

核不保持の日本に無駄撃ちは不可

結局、一九七二年一月七日、ロプノールから三〇〇キロメートル離れた沙漠の上空で、「強撃5」から投げ出された核爆弾がうまく爆発しました。爆発の瞬間には、母機は二〇キロメートル離れていたそうです。

アメリカはこの実験について「イールド八キロトンのプルトニウム原爆をテストしたようだ」という推定を下しています。米空軍は空中の塵（ちり）のサンプルを集めていたはずですから、おそらくそれが真相なのではないでしょうか？

中共としては、一九七二年二月にアメリカのリチャード・ニクソン大統領が北京にやって来る前に、なんとしてでも長射程ロケットに搭載できる軽量の水爆が完成したというデモンストレーションをしておく必要を感じていたでしょう。

「いまや北米東部の都市を壊滅させられるＩＣＢＭがこちらの手にある以上、米中は対等なのであり、われわれは譲歩を強いられたりはしない」という国内向けの予防宣伝が、対米宥和政策に踏み出す前には不可欠だろうからです。

しかし中共の技術では、水爆の軽量化は容易ではなく（ひょっとすると一九九〇年代までできなかったのかもしれません）、やむを得ず当時は不本意ながら原爆を使って投弾実験し、国内の軍人たち向けには「軽量水爆が完成した」と嘘をついたのでしょう。

その真相はともかく、この初期の実験中でも、上空で寒さのために投下装置が氷結して核爆弾がリリースできなくなったという不測の事態が一九七一年一〇月に発生した際、パイロットは安全に母機と爆弾とを基地まで戻すことができました（さすがに基地では着陸前に全員が避難させられたそうです）。しかし巡航ミサイルには、こんな安心感はないわけです。

「世界核戦争」直後の中国大陸で、反政府勢力が中共中央にとって代わろうとすることは必至ですし、「世界核戦争」の起きる前にも、そのような内戦が始まるかもしれません。

中共としては、戦闘機から投下できる核爆弾をたくさんストックしておくことが、そんな場合の延命の切り札になってくれるでしょう。

中共のような立場のユーザーにとって、核爆弾は一個一個が非常な貴重品であって、非核国の日本に対して「無駄撃ち」的な配分などをしている余裕は、「核のドゥームズデイ」においてはなおさらなくなる——このことだけ再認識していただけましたら、それでいまはＯＫです。

第三章　東京の周辺都市はどうなる

新宿区から千代田区に水爆三発が

もう一度、本書の「予測」を整理しておきます。

中共指導層によって「核のドゥームズデイ」が意識される以前の段階で、中共が日本に核攻撃を実行しようと決断する場合、筆頭の目標候補地は、神奈川県横須賀市（横須賀軍港米軍岸壁）です。

しかし、中共指導層が「核のドゥームズデイ」を意識した場合、筆頭の被爆予想地は東京都の新宿区から千代田区にかけての中心部であって、そこには水爆ミサイルが三発くらい集中するはずです。

が、「核のドゥームズデイ」が意識されたあとの、東京以外の「ついで」的な日本国内の核攻撃対象地はゼロであるか、もしあったとしても、おそらく兵庫県神戸市（神戸港）、茨城県東海村、青森県六ヶ所村、大阪府熊取町、茨城県大洗町、そして山口県と福岡県のあいだにある関門海峡のうちの、一ヵ所もしくは数ヵ所にとどまるでしょう。

前章で説明しましたように、即座に使用できる状態ではないものも含めて、全部で四〇〇発前後の核弾頭しかストックされていない中共としては、「日本国内のあの施設も、あの基地も、あの街も……」などと攻撃目標リストをどんどん欲張って書き加えていくと、それだけで核兵器庫内の「予備の核爆弾」はすっからかんに近づいてしまいます。すると「核戦争後」のアメリカ、ロシア、インド、パキスタン、北朝鮮、イスラム系住民、チベット系住民……等々に対する睨み（にら）が利（き）かなくなってしまうのです。

神戸市その他の候補地につきましては、次章以降で危険度を解説します。まず、わが日本国の首都である東京都の危うさについて、認識を深めるのが先でしょう。

核戦争の防災対策がない東京

中共にとっての「核のドゥームズデイ」がやって来たときに、とりあえず日本のどこを破壊しておけば、戦後一〇年以上の安心が得られそうかという戦略的な大問題は、日本人のほうからご親切に単純化してやっているような有様になっています。

中共軍は、東京都心に三発のメガトン級水爆を落下させただけで、日本の長期的な無害化を、ほぼ達成できます。

その炸裂は、意図的に、火球が地表に接するような低空起爆モードにされるでしょう。それにより、東京は半永久に、人が住めない地域になることが確定するのです。

これは核弾頭のイールド、すなわち出力が大きいからではありません。地表近くで爆発するためです。

仮にそれが小型原爆であっても、地表近くで一発でも爆発したなら、もう東京には誰も住めなくなるでしょう。

今日まで、東京都の都市計画には「核戦争を念頭に置いた防災対策」は皆無に等しいといってよいでしょう。

行政機構（内閣と省庁と自治体）、立法機構（国会）、経済中枢（証券取引所や大手金融機関や大半の大企業の本社）、主たる報道通信機関に加えて、次世代のエリートを育成する有名大学や一流高等教育機関の過半が、この一都市に凝縮されてしまっています。

東京都の市街地の地下には、真面目（しんめんもく）の防空壕（ぼうくうごう）は付帯していません。

おまけに、大病院や消防救助機動部隊を二三区の外側へ分散させておくという配意すら見られないのですから、少数の水爆が東京都心に落下すれば、日本国全体がそれから長期にわたり半死半生の状態になるであろうことは、誰が見ても確実です。

「核のドゥームズデイ」に際しての中共の願いは、隣国の日本国に関しては、たった三発の水爆で、成就するでしょう。

原爆ドームは核兵器の限界の物証

それではなぜ、一発ではなく「三発」なのでしょうか。

米ソ冷戦時代のアメリカ国防長官、ロバート・マクナマラは、一九六八年に連邦議会に報告書を提出し、そのなかでこういっています。

「イールド五〇キロトンの弾頭一〇個（つまり合計で五〇〇キロトン）が、人口二〇〇万人の都市に与える被害は、一〇メガトン（＝一万キロトン）の単弾頭ICBMと同じである。

人口一〇万人の小都市が対象の場合、そこに五〇キロトン弾頭が一〇発落下すれば、一〇メガトンの単弾頭が一発炸裂したときの三倍半もの破壊と死をもたらすことができる。

飛行場の場合だと、この差は一〇倍にもひらき、迎撃のしにくさも、RVの数に比例する。

したがって、大威力の単弾頭をミサイルに搭載するのは非効率なことで、小威力の弾頭を多数投射したほうが、はるかに効率的な核攻撃を組み立てられる」

要するにマクナマラ氏は、ソ連の戦略核兵器の「総メガトン数」を足し算して、それが米軍よりも大きいから「脅威だ」と騒ぐのは、いかにも愚かなことであり、そんなところにではなく、彼我（ひが）の戦略ミサイルに搭載されているRVの個数や、命中精度や、即応体制や、生残性（せいざんせい）の優劣に主な関心を払うべきであると連邦議員たちを啓蒙（けいもう）し、さらに実戦になれば、ソ連の戦略核はアメリカの戦略核によって圧倒されるから、国民はどうか安心して欲しい（連邦議会は核軍備にこれ以上の天文学的な金額の予算を付けるのはやめてくれ）と示唆（しさ）をしているわけです。

ここで読者のみなさんは、「人口一〇万人の小都市を破壊し尽くしたければ、攻撃者は五〇キロトン弾頭を一〇発も落とさなければならない」と例示されていることに、注意してください。

広島原爆のイールドは一二・五キロトン、長崎原爆のイールドは二二キロトンであったと、アメリカは日本側の調査研究も参考にして結論しています（アメリカ国防総省／エネルギー省刊『The Effects of Nuclear Weapons』一九七七年版）。すなわち「五〇キロトン」といえば、イールドで比較して広島原爆の四倍、長崎原爆の二・二七倍にもなるのですが、それ一発では、地方都市ひとつを滅ぼすのにも足りないのです。

広島の爆心近くに位置した「原爆ドーム」は、こうした「核兵器の威力の限界」の物証です。天井は壊されましたが、壁は現在も残っています。

そこから一五〇メートル（爆心からは一七〇メートル）離れた「広島県燃料配給統制組合」ビルの地下一階にいた男性は、一九八二年まで健康に生存しました（満八四歳）。昭和四年に建てられたその鉄筋コンクリート造（地上三階、地下一階）の建物は、原爆によって凹んでしまった天井を造り直し、全焼した内部も改装するなどして、今日なお、広島市の平和記念公園内の「レストハウス」として現存。その地下室は当時のまま保存されています。

この男性を含めて、広島では、爆心から半径五〇〇メートル以内での生存者が七八名いて、そのうち一人は八歳だったそうです（高田純著『東京に核兵器テロ！』二〇〇四年刊）。

三発の水爆全部が不発になる確率

核兵器の毀害力は、地形によっても著しく制約されてしまいます。

長崎原爆のイールドは広島原爆の一・七六倍あったというのに、長崎市で発生した火災は、広島市で生じた火災の四分の一の面積にとどまり、死者数も二分の一だったのです。

長崎市のほうが広島市よりも地形に起伏が多かったことが、この違いをもたらしました。偶然に「地面の皺の影」の部分に入った集落が、強烈な熱線を受けずに、火災発生を免れることができたことが判明しています。

開けた平坦地に発達した都市であっても、今日のように、鉄骨・鉄筋入りコンクリート製の中層・高層ビルが密に建ち並ぶようになりますと、そのビルの林、ビルの列が、あたかも「衝立」か「地下壕の土壁」のように作用して、斜め上方から輻射される放射線（特に有害なのはガンマ線と中性子線）や熱線を集合的に阻止・緩和する働きをすると考えられます。

ちょうど、市街地内では、日の出時刻後もなかなか直射日光が足元まで差し込んできてくれないのと同じ現象です。

一般に、一平方インチあたり二〇ポンド以上の爆圧がかかると、鉄筋コンクリートの建物は倒壊するといわれています。しかし、ひょっとしてそれ以上の爆圧が襲っても、ビル群が衝立となって、その後方や内部の人に及ぶ爆圧を、一平方インチあたり五ポンド未満（人が即死せずに済むレベル）まで緩和してくれるかもしれません。

ですが、一九六三年に大気圏内核実験が米ソ英間で禁止される以前に、こうしたリアルな現象を確認するための本格的な高層都市の模型破壊実験をしてみることは、米ソにもできませんでした。ですから、実際にビル街にはどのような「防風林」効果、あるいは「衝立」効果があるのか、それを確かなデータを元に断言できるような人は、いまのところは一人もいないのです。

――ひとつだけ確かなことは、日本の国土は、至るところ山がちです。長崎市や横浜市（神奈川県）や神戸市（兵庫県）のような起伏がある土地には、広島市や東京都心のような河口沖積平野の比較的フラットな土地よりも、核爆発の被害が限定される好条件が最初から与えられているといえます。

また、昔の広島市以上に鉄筋コンクリート造りのビルや耐震設計住宅、不燃建材が普及し、消防インフラも改善している現代日本の都市環境は、建物内部に所在する人たちの身体を、戦前よりもよく保護してくれることだけは間違いありません。

しかしこれを、攻撃者の中共軍の側から見ましたら、あまりおもしろくもない話でしょう。「せっかく水爆ミサイルで東京を攻撃したというのに、与えた損害が予想外に小さかった」という結果を、儒教圏人はどうしても望まないのです。

一発では失敗に終わる可能性がある以上、攻撃には念を入れてかかる必要があります。

妥当なミサイル配分量は、三基というところでしょう。

旧式の「東風4」ミサイルは、ぼやぼやしていると米露の核ミサイルによって地上のサイロごと破壊されてしまう危険性が高いので、「核のドゥームズデイ」になったらさっさと東京やソウル（韓国の首都）等に向けて発射されることは、もう最初から予定されているのでしょう。

しかしその三発を東京都に指向しても、そのすべてが不発（または途中墜落）に終わるという確率も、決してゼロではありません。その場合は、地下トンネルに温存できる新式の「東風21」によって、二〇〇キロトンのRVが一個、追加発射されることになるだろうと思われます。

ドイツと日本の都市構造の違いで

第二次世界大戦中、東京がトータルで受けた焼夷弾等による空襲被害は、広島の原爆被害面積に換算すると五～六発分に相当し、横浜は二～三発分であり、名古屋は五発、大阪は四～五発、神戸は二発分の、それぞれ相当被害であった――という人がいるのですが（広島と長崎をそれぞれ被弾直後に出張調査した大本営海軍部参謀の奥宮正武中佐）、こうした爆弾破壊力の足し算による比較には、落とし穴があります。通常兵器（高性能爆薬や焼夷剤が充塡（じゅうてん）された弾頭）だけの比較であっても、「短時間に広い面積が攻撃されるかどうか」で、損害の様相はぜんぜん違ってしまうものだからです。遠くの炸裂音を聞いてから伏せる、ですとか、遠くの炎を見てから安全な方角へ退避するという行動が、「瞬間同時弾着」攻撃を広範囲に受けた場合には、できません。

まして核兵器は、「火球が接地するようにわざと爆発高度を低くする」ことによって、その都市を永久に人が住めない放射性土壌地帯に変えることが可能なのです。儒教圏人が日本の首都を攻撃するときは、動機の半分は、アジアの筆頭近代国家に対する「嫉妬（しっと）」なのですから、必ずこの地表爆発モードが選択されるでしょう。

その場合、東京都は資産価値としてはほぼゼロになり（厳密には、放射性ガレキの捨て場所としての地代は発生し得るでしょうけれども）、昭和後期のような「復興」はあり得ないのです。このような破壊効果は、いかなる通常爆撃でも実現はできません。

一九四一年一二月から一九四五年八月にかけ、日本はアメリカと大きな戦争をし、一九四四年の冬以降は、B29重爆撃機によって、本土が頻繁に爆撃されました。

日本が連合国に降伏することを決めたすぐあとの一九四五年八月二四日、政府の「防空総本部」が発表した統計があります。アメリカ軍が投下した爆弾による日本本土内の総死者数は二六万人で、そのうち二発の原子爆弾によるものは、併せて九万人と計算されました（広島市と長崎市は今日、違う見解を持っています。即日死者数の絞り込みが特に至難であるようです）。

その際、二六万から九万を引いた残りの一七万人は、通常爆弾（核ではない爆弾や、焼夷弾）による被害者。さらにそのなかの一〇万八〇〇〇人は、一九四五年三月一〇日の「東京大空襲」による首都住民の死者だった――と、そのように「防空総本部」は見積もりました（これについても、一九七〇年から「東京空襲を記録する会」をつくって調査した早乙女勝元氏が、一九七七年、東京大空襲による死者は一一万五〇〇〇人以上だったとするなど、異説があります）。

数値には幅があるものの、通常炸薬や焼夷剤を詰めた爆弾でも、小型核兵器並みの破壊殺傷を大都市の住民に即日に加えることは、理論的には可能なのでしょう。

が、それには、とてつもなく大がかりな人的・物的な準備と実施作業とを必要とすることは明らかです。

東京大空襲の場合、一七〇〇トンの焼夷弾を運搬するために、三百数十機のB29重爆撃機をマリアナ諸島の航空基地から飛ばさねばなりませんでした。このための人的・物的コストは、今日では想像しがたいほどに厖大なものでした。

たとえば三百数十機のB29編隊のために飛行場で給油された一二〇〇オクタンのハイオクガソリンの量は、重さにして三五〇〇トンを超えたはずなのです。それが一日で消えてしまうのですから、燃料費だけでも天文学的な数字だったでしょう。

機体に関しては、東京大空襲だけでもB29が一二機撃墜され、四二機は大破してスクラップになっています。B29は一機が七五万ドルしました。朝鮮戦争前の米軍の大型トラック一台の値段三九七〇ドルを基準とするなら、大型トラック一八九台分くらいの価値があったのです。

第二次世界大戦中、ドイツはイギリス軍とアメリカ軍の爆撃機により、三年半のあいだに一七〇万トンの爆弾を落とされ、その空襲によって三〇万五〇〇〇人の死者を出しています。かたや日本は、一四ヵ月のあいだにドイツの約一一分の一の一五万〜一六万トンの通常爆弾を落とされただけだったにもかかわらず、都市が基本的に可燃性であったがため、多数の住民が殺されているわけです。

もし東京がベルリンやロンドン並みに不燃化されていたならば、東京大空襲と同じ損害を与えるのに、アメリカ軍は史実の何倍ものB29を集めて飛ばさなければならなかったでしょう。しかしそれは、一九四五年の春夏において、実行したいと思っても不可能でした。最大規模の空襲でも、一回に五〇〇機を投入し得たのみなのですから。

戦時中、総計一五万～一六万トンの爆弾を日本に投下するために米陸軍航空隊のB29は、延べ三万三〇〇〇ソーティ（一機が一回爆撃すれば一ソーティ）と、三万六〇〇〇人のクルーを必要としました。しかし、もし当時のアメリカに、多数の広島・長崎型原爆がストックされていたとしたなら、その一五万～一六万トンの爆撃に匹敵する破壊を、わずか九ソーティで達成できただろうと計算されています。

今日では、一発が一〇〇キロトンから数メガトンのイールドを発生する水爆を搭載した弾道ミサイルもあることは、ご承知のとおりです。すなわち、攻撃者から見て「即興的」な大量破壊ができるところが、核兵器時代の恐ろしさなのです。

広島の原爆と同じ破壊は、TNT爆薬三二五トンと、焼夷弾一〇〇〇トンを使えば再現できる、とする計算があります（アメリカ原子力委員会／国防省／ロス・アラモス科学研究所編『The Effects of ATOMIC WEAPONS』一九五一年三月邦訳版）。

今日の爆撃機は、一機が一度に一三二五トンの爆弾を運搬することなどできません。超音速重爆撃機であるＢ１の場合、最大で五六・七トンの爆装が可能だといいますから、二四機を一度に飛ばせば、それだけの量の投弾が理論的にはできることになりましょう。しかし二四機のＢ１を即興的に一目標に向けて飛ばすことは、今日の米空軍によっても、まず不可能でしょう。

それに対して現代の核兵器（原水爆）による攻撃は、大規模な準備作業を必要としません。実行命令が出されれば、手順は必要ですけれども、淡々と実行されます。「即興的」に使用命令が出される可能性も、常にあります。

しかも、それが都市に対して使用されれば、何万人も殺されることは確実なのです。そのようにみなされている兵器は、今日でも、核兵器だけです。

毒ガスやウィルスは恐くない

他方、化学兵器や生物兵器が、「貧者の核兵器」などと称されることもあるのですけれども、これまた、核兵器のように敵国首都に対して即興的に使えるものではないうえに、決して核兵器のように圧倒的な結果（破壊・殺傷・恒久汚染）は約束されていません。

毒ガスや病原体などを用いる特殊兵器は、使用前にデリケートな準備を必要とします。

そしてその割には、負傷者数に比べて死者数が少なかったり（松本サリン事件では死者八名、地下鉄サリン事件は死者一三名）、効果が出るのに長い時間を要したり、あるいはほとんど効かなかったりするのです。

松本サリン事件では、障子一枚だけ閉めて寝ていた世帯が、無事でした。サリンガスは空気よりも軽いため、地下鉄構内のような密閉空間でないところでは、すぐに大気中に希釈され、効果は消えるのです。

一九八四年一二月二日の夜、インド中央部に近いボパール市では、世界史上最悪の化学災害とされる、毒ガス漏出事故が起きています。新開発の農薬（殺虫剤）をつくるための中間原料であった「イソシアン酸メチル」が四〇トン以上、工場プラントから大気中へ漏れ出たのです。

この化学剤は揮発性で、しかしながらその蒸気が空気より重く、地表近くを這うように漂うという性質がありました。そして人に対する毒の効き目は、第一次世界大戦中に多用された塩素系の猛毒ガス「ホスゲン」よりも強力だったのです。

夜明けまでに風下の村人二〇〇〇人以上が死亡し、その後の数ヵ月で、さらに一五〇〇人以上が死者数に加わったといいます。障害が残った人の数は一五万以上といわれるのですが、実態はついに正確には把握できませんでした。

このスケールの人災を、もしも毒剤を詰めた多数のロケット弾や航空爆弾によって再現したいと思ったなら、空気より重い有機毒である「VX剤」（不揮発性で常温では液状）を、地表から最適の高度で、ちょうど人の肺胞内まで入りやすい直径の微粒子（霧）になるように爆発・飛散させて、空中に漂わせてやらなければならないでしょう。少数の先進国だけが、そのような粒子制御技術を有しています。一九九五年のオウム真理教には、その技術はありませんでした。

それにしても、用意しなければならぬ弾薬は、総重量が百数十トンにもなるでしょう。そして大成功したとしても、死者数が一九四五年八月六日の広島を超えることはないでしょう。しかも、同じ手を三日後に別の都市に対して再演することは、相手側が心構えをして、すぐに住宅の窓を閉め切るため、きわめて難しくなるでしょう。

実行した日時に、もし強い風が吹いていたら、あるいは雨が降っていたら、あるいはそもそも人々が窓を開けない季節であったなら、殺傷できる人数は数百人以下となるかもしれません。

同じように、人に対して致死的なウィルスや細菌や真菌その他の微生物を、航空機やミサイルによって配達し、確実に都市住民の大半に空気感染させる方法も、いまだに誰によっても発見されていません。

毒ガスは、閉め切った家屋の壁や屋根を透過して内部の人を殺傷することはできませんし、ガスマスクと防護服を装着している敵兵を殺すこともできません。

生物兵器についても、ほぼ同様です。A国の保有する生物兵器によって、B国の生物兵器を破壊・除去することは無理なのです。生物兵器を運用する部隊を、生物兵器によってやっつけることも、まずできそうにはないですよね。

航空基地のパイロットや地上整備兵たちは、敵国発の化学・生物兵器の雨注によって殺傷され、あるいは活動を一時的に制限されるかもしれません。が、化学剤や生物毒の入った自軍の爆弾が、そのおかげで壊されてしまうわけではない。こちらの化学・生物兵器を運搬するミサイルや爆撃機が吹き飛んだり、炎上することも起きないわけです。製造工場だって、おそらくは無事でしょう。

しかし核兵器には、敵国の核兵器や化学兵器や生物兵器を破壊する力がありますし、敵国の核・化学・生物兵器製造工場や、部品・原料の保管施設、および、それを運用するのに必要な艦船・航空機・車両・港湾・通信所などまで、あらかた破壊してしまうことが可能です。

つまりは、核兵器だけが、他国の大量破壊兵器やその製造能力、運用能力をも抹消してしまえる、比較的に確実な手段たり得るのです。

のみならず、核兵器には、敵国の「政体」を除去できるかもしれないという、確からしい期待も可能です。

核攻撃の特徴は、地上にいる住民に逃げる暇(いとま)がほとんど与えられないことです。核以外の空襲では、逃げるチャンスがあります。事実、東京大空襲での単位面積あたりの死者数は、広島の三分の一、長崎の四分の一でした。住民の密度は東京下町のほうがずっと高かったにもかかわらず、です。

「貧者の核兵器」と評価できるようなものはありません。私たちに向けられているのは、「核兵器」と「核兵器ではない兵器」の二種類だと考えるべきなのです。

防衛省は市ヶ谷ではなく朝霞に

中共が東京を核攻撃する場合、その照準点は、具体的にはどこに合わせられるでしょうか？

中共の指導部は、できれば日本の皇室を抹殺したいと念願しているはずです。平時において高度の神聖さを纏った権威を認め、それに一目置いて交際せざるを得ない、そんな一家が同じアジアの近隣国にあるというのは、彼らにとってはどうにも不愉快だからです。

しかし、明瞭に皇居に照準を定めて水爆攻撃を決行したりしては、直後の世界からの批評は中共に対して甚だ険悪になるであろうことも、彼らは推量しています。

この悩みはしかし、バブル時代に浮かれていた日本の政治家たちが解消してくれた格好です。すなわち、都心の赤坂九丁目にあった防衛庁（部内者はその地名を「檜町」と通称し、部外者は、最寄りの地下鉄駅から「六本木」にあると意識をしていました）を、市ヶ谷駐屯地内に移設することを決めたのです（一九八七年には事実上の移転計画が部内でスタートし、本庁は二〇〇〇年に移転完了）。

もともと赤坂の防衛庁と皇居の吹上御所とは約二・八キロメートル離れていました。が、防衛庁庁舎が市ヶ谷に移転したことによって、吹上御所との距離は二キロメートルにまで縮まっています。

これくらい近接していれば、防衛庁（二〇〇七年一月からは防衛省）と皇居の中間点で水爆を炸裂させ、そのあとで「狙った場所は防衛庁（省）であった」と公式説明することが、敵国には可能になってしまうでしょう。

核爆発の火球が地面に接するような超低空起爆モードを敵が意図的に選んだ場合、よほど大深度の本格的な地下退避施設にでも籠もっていない限りは、水平距離が火球半径内に位置した人の生存は、絶望的でしょう。

二〇一五年まで旧満州地域に配備されていた対日攻撃用の弾道ミサイル「東風3」や、いま東京に照準を合わせている「東風4」の単弾頭のイールドがきっかり二メガトンだとすれば、「火球」の半径は一二七〇メートルなので、市ヶ谷防衛省と皇居の中間点で地表爆発させた瞬間に、吹上御所は火球の縁に入ってしまうことでしょう（こうした試算は「NUKEMAP」というウェブサイト上で任意の条件で試行ができます。ただし、このサイトが出してくる数字にはいくつかの留保条件があり、英文の説明書きを読めば重大な早とちりをすることは避けられるのですが、それについてはまた後述します）。

私はプロ評論家になる前の学生時代から、「防衛庁を皇居に近い市ヶ谷などへ移転させるのは核ミサイル時代には大間違いである」という意見を、マイナーな活字媒体に繰り返し投稿し、朝野の注意喚起を試みた覚えがあります。

しかし力及ばず、誰にも耳を傾けてもらえませんでしたのは、いまもって残念です。そして、私以外でこの問題をマスメディア上で訴えた文筆家も評論家も、北朝鮮の核武装が話題になった一九九〇年代を通じ、一人もいなかったと認識をしております。

防衛庁の移転先は、東京都と埼玉県の境にある、陸上自衛隊朝霞(あさか)駐屯地(東京都練馬区──ただし「練馬駐屯地」とは別、念のため)に定めるのが妥当だったと私は思っています。

朝霞駐屯地から皇居までは一七キロメートル強ありますから、防衛庁(省)を狙った水爆で皇居まで消し飛ぶという事態には、絶対になりません。「NUKEMAP」でいろいろ試してみれば端的に把握できますように、核兵器のイールドを二倍にしても最大被害面積は一・六倍にしかならず、半径に注目すれば、意外なほどに差はないのです。

長期的には、国家の究極非常事態下の自衛隊等の指揮を執ることができる施設を、東京以外の日本国内数ヵ所、大山岳地帯の地下トンネル内等に分散的に整備するべきだろうと思います。その事業を計画するのは、いまからでも遅くはないはず。なぜなら、国家の生命は永遠無限だからです。

米ソ開戦で東京の水爆攻撃を想定

参考までにアメリカの話もしておきましょう。

アメリカ政府の平時の行政の指令センターは、首都ワシントンＤＣにあるホワイトハウスです。しかしアメリカ大統領や主要閣僚たちは、核戦争の危険があるようなときには、複数の大型ジェット機（昔のジャンボジェットを特別改造したもの）に分散搭乗して、空中へ退避することになっています。

大統領、副大統領、国防長官、国務長官、連邦議会下院議長などが、それぞれ別個の航空機や地下壕（ちかごう）に分散疎開し、さらにそれらの文民司令権承行者（しょうこう）と世界各地の米軍の核運用部隊をとぎれなく無線中継してくれる大型機も、米空軍や米海軍の手によって世界中で飛び廻り続け、核戦争の指揮継続に遺漏（いろう）がないよう計られているのです。

つまりホワイトハウスの地上部分などは、いざというときには放棄できるよう、日ごろから「かけがえのないもの」は置かれないことになっているのでしょう。

おそらく水爆で攻撃されると分かっていながら、おいそれと放棄することができないのは、ホワイトハウスから三・四キロメートル離れたところに建つ五角形ビル（ペンタゴン）の国防総省でしょう。そこに集積されている文書記録の山を灰にし、残留している職員を殺傷しただけでも、敵国にとっては大戦果かもしれません。ワシントンＤＣを核攻撃しようとするロシアや中共は、常識として、このペンタゴンの中庭にRVの照準を合わせています。

一九六二年一〇月に「キューバ危機」が起きたとき、東京のエドウィン・ライシャワー駐日大使夫妻と府中通信施設（当時は米第五空軍司令部があって、実質、そこから航空自衛隊にも命令を出すようになっていた）の在日米軍司令官は、おそらくワシントンからの指示によって、一〇月二九日まで青森県の三沢基地に「一時疎開（そかい）」しています。

その三沢基地には大型の「空中指揮機」が待機し、警報があり次第、いつでも大使らを乗せて離陸できるようになっていました。つまり冷戦中から、米ソが開戦した暁には、東京がソ連から水爆攻撃を受けることは、アメリカには当然の想定内だったのです。

儒教圏から妬まれる東京の悲劇

原爆は、原子核分裂（Fission）の連鎖反応の際に放出されるエネルギーを、破壊殺傷に用いる爆弾です。

水爆は、水素原子が核融合（Fusion）する際に放出されるエネルギーを破壊殺傷に用いる爆弾ですが、その核融合反応を引き出すには、まず小型の原爆が「トリガー」として用いられねばなりません。

だから現在の実用水爆には、必ず小型の原爆が付属しています。

ところで、この水爆のいちばん外側を包む殻（中性子反射材、一般にはベリリウム合金など）の素材を「天然ウラン」（そのほとんどは「ウラン２３８」からなっており、資源的には豊富で安価）でこしらえますと、原爆の熱ぐらいでは核分裂は起こしてくれない天然ウランが水爆の超高熱を受けて核分裂をし始め、その水爆の出力を何倍にも増してくれることが、一九五〇年代の実験からつきとめられました。

「Fission → Fusion → Fission」と反応が進むことから、この構造の水爆を「３Ｆ爆弾」と呼びます。

「３Ｆ爆弾」は、核分裂から必然的に発生する「放射性の灰」の量が多く、外殻に天然ウランを使わない水爆を「きれいな水爆」だとしたならば、大気圏内核実験のたびに地球大気を汚染する「汚い水爆」だと呼ばれたものです。

あまりに不人気でしたため、米露が新しく製造しているＲＶや投下爆弾には、もうこの構造の水爆は使われていないと想像されます（ただし古いストックは残っているかもしれません。また最先端の軽量ＲＶには、詳細は不明ですが、ずっと洗練された「３Ｆ」構造が採用されているようです）。

中共の地上機動発射式の核ミサイルのＲＶ（イールドが数十〜数百キロトンのもの）にも、おそらく旧式の「３Ｆ爆弾」は使われていないでしょう。しかしサイロ式の古い単弾頭ＲＶ（イールドが一メガトンから五メガトンあるとされるもの）や、古いストックの投下式水爆のなかには、旧式ながら威力がある「３Ｆ爆弾」が残っていないとはいい切れません。

誤解しないように念を押しておきます。「３Ｆ爆弾」であっても、火球が地表に接しないように十分な高さ（たとえば二メガトンであったら高度一五〇〇メートル以上）で炸裂させたならば、生成される放射性の灰は、火球とともに成層圏まで上昇し、そこで偏西風のなかで希釈されてしまいます。

水爆を大気圏外の宇宙空間で炸裂させる場合も、降下灰を気にかける必要がありませんから、あるいは「３Ｆ爆弾」がそこで活用されるかもしれません。

たとえば、核爆発にともなうＥＭＰ（電磁パルス）によって敵国内に電波障害を起こしてやりたければ、宇宙空間で炸裂させる水爆のイールドは、できるだけ大きくなくては効果が望めません。その点、外殻（がいかく）の天然ウランを分厚くすることでイールドを簡単に大きくできる昔風の「3F爆弾」ならば、EMP兵器としては理想的でしょう。

私たちが留意すべきことは、旧式な「3F爆弾」であろうと、新しい「きれいな水爆」であろうと、はたまた水爆ですらない長崎級の原爆であろうと、核爆発の火球が地表に接するように爆発させられた場合には、被爆国の汚染が最も深刻なものになる、ということです。

中華思想を抱き続ける儒教圏から妬まれている東京都民と、その風下の住民には、覚悟が必要なのです。

「NUKEMAP」で被害を予測

リアルな核爆発に現代の大都市が見舞われた場合、どのような損害が最終的に発生するのかは、実は誰にも分かりません。

一九六三年以前の原水爆を使った数百回の大気圏内核実験（アメリカは二一五回、ソ連は二一九回）に、数棟の実物大の低層ビルディングが供されたことはあっても、本物に近い都市模型を丸ごと吹き飛ばしてみるような実験は、さすがの米ソにも、なし得ませんでした。

そこで今日では、おおよその見当をつけるための「モデル」を暫定的に利用することになります。

たとえば、二〇一二年にアメリカの核兵器史家であるアレックス・ウェラースタイン氏が制作した、現在では誰もがオンラインで無料で利用できる核被害シミュレーション・ソフトの「NUKEMAP」も、ある都市のまる一日を均した人口の統計値（二〇一一年にまとめられているデータ）を単純に面積で割ることによって予想死傷者数を割り出すという、単純化を余儀なくされています。

丘陵や谷地、あるいは崖などの「地の皺」の阻害効果はまったく考慮されていませんし、風向以外の天候要素（降雨中であればすべての距離におけるピーク爆圧は一五％弱まることが実爆試験で判明しています。また霧のなかで爆発しますと熱線が散乱するために、人がビルの陰に位置していても熱傷を負うかもしれません）も関係なくシミュレーションされています。

そうした「緻密にはできないこと」の限度については、良心的に、英文でしっかりと説明されているのですが、非英語圏の利用者がその説明をよく理解しているかどうかは怪しいでしょう。

空中爆発モードを選択した場合の「最適爆発高度」は、爆風効果が最大面積になる高度であって、放射線効果や焼夷効果が最大面積化する高度はそれぞれ別です。しかし「NUKEMAP」では、それら異なった最適高度によってもたらされるすべての効果の最大面積が、同時に同心円で表示されるのです。いうなれば、核爆発の極大毀害のイメージを把握してもらうソフトとなっています。

核爆発は、数キロトンといった極小イールドになれば、放射線が爆風以上の毀害をより多くもたらすでしょう（たとえば中性子爆弾）。逆に五メガトン以上もの極大イールドが空中で炸裂すると、放射線の致死半径を爆圧の致死半径が上回るので、放射線についてはあまり考えずともよくなって、何よりも熱線による焼夷面積が圧倒的となるのです。

しかしその中間のイールドでは、「一平方インチあたり五ポンド」以上の爆圧が、普通の民家を損壊し人体を殺傷する最大のファクターになる——とアメリカ政府の専門家は一九七三年に結論しているようです。広島と長崎の調査では、木造家屋とブロック積み住宅は、「一平方インチあたり八ポンド」で全壊したことが分かっています。

リアルな地表爆発では、核爆発の「火球」に呑み込まれる面積は最大化する一方で、熱線が及ぶ範囲は最小化します。難しいのは、爆風や放射線の及ぶ範囲が、空中爆発と比べてどの程度、範囲が狭まるかです。「NUKEMAP」の制作者は、その推定を諦めて、空中爆発の推測値を、そのまま地表爆発にも適用しています。

つまり、ユーザーが地表爆発モードを選択した場合、「NUKEMAP」が示してくれる強爆圧圏（一インチあたり五ポンド以上の危険な圧力がかかる範囲）や、五〇〇レム（五シーベルト）以上の一次放射線を人が浴びてしまう（それを浴びた人の半数以上は数週間以内に死ぬとされる）範囲は、実際よりもかなり大袈裟（おおげさ）……そして、それがどれくらい大袈裟なのかは、誰も知り得ないのです。

爆心から水平に約一七キロの意味

とりあえず、二メガトン一発の威力を調べてみましょう。

「NUKEMAP」は、その火球の半径を一・二七キロメートルと算出します。

この火球が地表に接して多量の「降下灰」を生じないようにするには、最低で地表から一・一五キロメートル以上の空中で爆発させればよい、とも「NUKEMAP」は教えてくれます。

五〇〇レム以上の放射線が降り注ぐ範囲は、半径二・七二キロメートルの円内です。

鉄筋コンクリートのビルも破壊される「一平方インチあたり二〇ポンド」以上の爆圧が及ぶ最大半径は三・五五キロメートル。これは高度二・二九キロメートルで空中爆発させたときの理想値です。もちろん、その圏内で屋外に暴露して立っている人は、即死でしょう（前にも書きましたが、米空軍のＩＣＢＭである「ミニットマンⅢ」のサイロは、一平方インチあたり二二〇〇ポンドもの爆圧に曝されても耐えられるようにできています。つまり本格的な防空壕施設と、ありふれた鉄筋コンクリート建物の強度は、同列には論じられません）。

普通の戸建ての民家は「一平方インチあたり五ポンド」の爆圧で倒壊するとされます。このレベルの爆圧が及ぶ範囲を最大化しようと思ったら、イールド二メガトンＲＶの爆発高度は三・九三キロメートルに設定しなくてはなりません。

皮膚の下の層まで瞬時に焼いてしまう「三度の火傷」を与える熱線が及ぶ半径は、二メガトンの空中爆発の場合、最大一六・九キロメートルと分かります。

これより遠くで、しかも、軽量コンクリートパネルなどの不燃性建材でできた家のなかにいる人は、無傷で生き残るかもしれません。その境目が、爆心から水平に約一七キロメートルだと考えられるわけです。ＲＶが空中爆発ではなくて、地表爆発であった場合には、ますます一七キロ地点以遠は、直接被害は軽微で済むでしょう。

　東京都心で爆発高度三・九三キロメートル、二メガトンの水爆が一発だけ炸裂した場合、「ＮＵＫＥＭＡＰ」は、二八一万人が死ぬだろうと予測します（放射性フォールアウト〈後述〉による死者はゼロ）。負傷者数はその二倍以上だとソフトは算定します。

　市ヶ谷防衛省の屋根の上スレスレで二メガトンが空中炸裂すると、「三度火傷」を与える熱線が届く一七キロメートル圏内に、西のほうでは武蔵野市と三鷹市までは含まれますが、小金井市以遠は含まれません。北のほうでは埼玉県の蕨市までは含まれますが、さいたま市以遠は含まれません。また東のほうでは千葉県の市川市や松戸市までは含まれますが、習志野市以遠は含まれません。そして南のほうでは神奈川県の川崎市北半分までは含まれますが、川崎市の南半分や横浜市以遠は含まれません。

　私の予想では、東京都心には二メガトンのＲＶが三発、皇居を中心に三角形を描くように、すべて地表炸裂モードの設定で落下するでしょう。繰り返しになりますが、三発とする理由は、ミサイルの不達やＲＶの不発、はたまた自衛隊による「迎撃成功」の可能性も完全には排除できないので、念を入れてかかる必要があるからです。実際には、そのうちの一発または二発または全部が不発になることもあるでしょう。

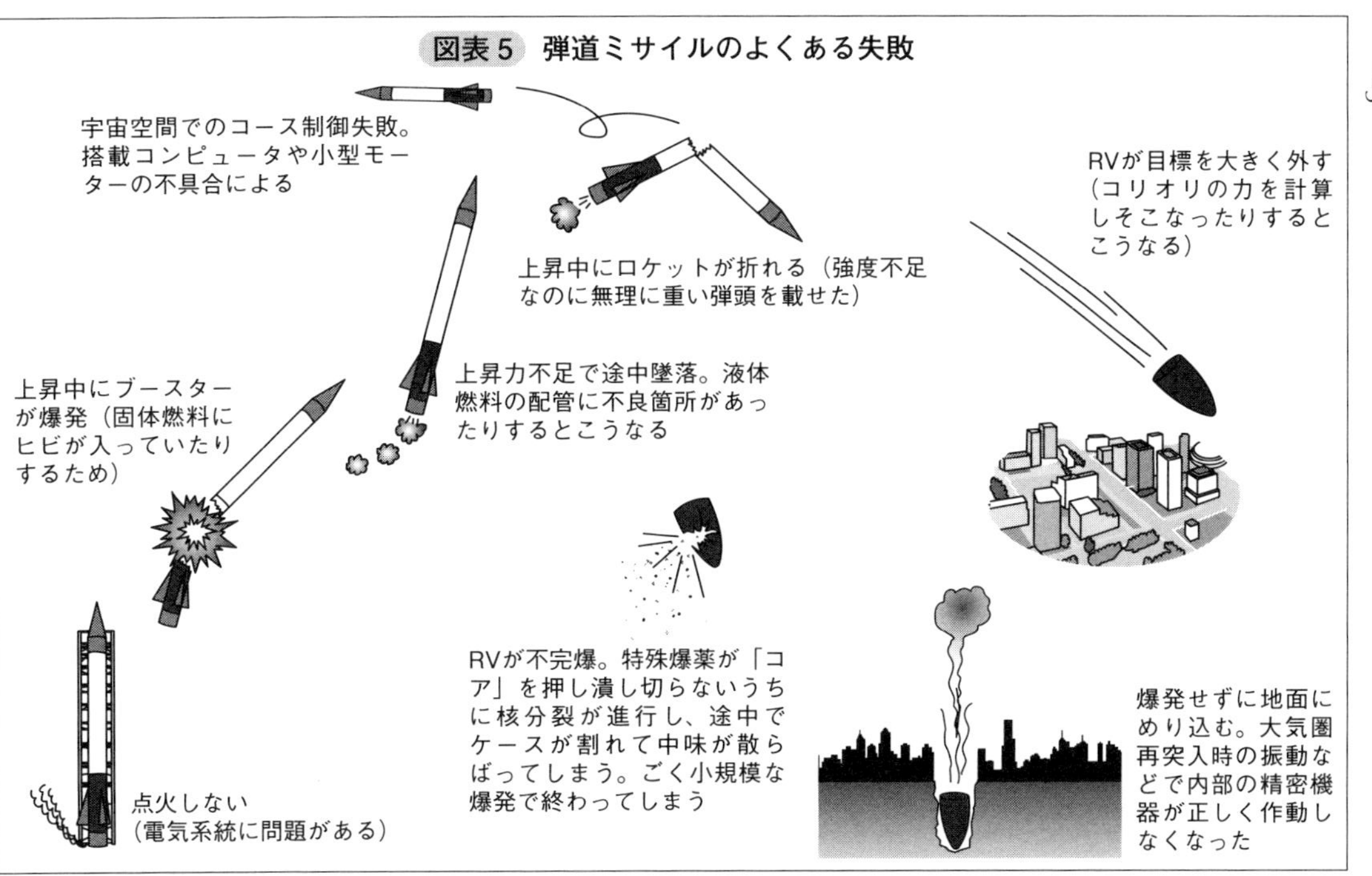
図表5 弾道ミサイルのよくある失敗
宇宙空間でのコース制御失敗。搭載コンピュータや小型モーターの不具合による
上昇中にロケットが折れる（強度不足なのに無理に重い弾頭を載せた）
RVが目標を大きく外す（コリオリの力を計算しそこなったりするとこうなる）
上昇中にブースターが爆発（固体燃料にヒビが入っていたりするため）
上昇力不足で途中墜落。液体燃料の配管に不良箇所があったりするとこうなる
RVが不完爆。特殊爆薬が「コア」を押し潰し切らないうちに核分裂が進行し、途中でケースが割れて中味が散らばってしまう。ごく小規模な爆発で終わってしまう
爆発せずに地面にめり込む。大気圏再突入時の振動などで内部の精密機器が正しく作動しなくなった
点火しない（電気系統に問題がある）

また三角形に散らす理由ですが、先に到達したRVの惹き起こした核爆発が、直後に到達するRVに何らかの故障を起こさせて不発に終わらせてしまう「同族殺し(fratricide)」の現象が生じるリスクを減らす目的があります。

具体的には、市ヶ谷を三角形の頂点のひとつとするなら、もうひとつは台東区か文京区、もうひとつは港区か中央区の、いずれも内濠からあまり遠くないところに照準されるでしょう。

同じ種類のミサイルだとすべて同じ理由で失敗するかもしれないので、旧式な「東風4」二発に、新式の「東風21」一発を交ぜる、という方法が選ばれる可能性もあるでしょう。

「東風21」の弾頭は二〇〇キロトン前後の「きれいな水爆」だと考えられるのですが、地表爆発モードにした場合の「恒久汚染力」は「東風4」と比べてもほとんど遜色がありません。

飛来した三発のRVのうち一発でも地表で正しく炸裂すれば、それで東京は「廃都」確定です。中共指導部の大きな目的(核戦争後のアジアにおける日本の長期的な国力衰弱)は、成就するでしょう。

正確な死者数は予測不能

熱や爆風の直接被害が、爆心地点からそれぞれどの程度の距離までで収まるかについては、不明です。「ＮＵＫＥＭＡＰ」が教えてくれる試算値は、空中爆発が起きた場合の最悪の数値ですので、地表爆発の場合にはいったいどうなるのかについては、「それらの最悪値より何割かは狭い範囲となるだろう」と予測を立てることぐらいしかできません。

死傷者数についても、くどいようですが、やはり確かな推定は誰にもできないのです。

火球内に所在した人は、残念ですが、絶望でしょう。運がなかったと申し上げるしかありません。しかしその外側だと、いくぶん生存の可能性が出てきます。

地下鉄に乗っていた人たちには、もっと希望があるでしょう。地下鉄線は、東京郊外から東京都心へ救援隊が送り込まれるときの通路ともなるものですから、停電が起きて電車がまったく動かないとしても、陸上よりは安心できる場所です。

さすがに、三発の水爆の地表爆発によって囲まれてしまった都心区域については、たとい火球内には呑みこまれずとも、最強度の防空壕でもない限りは、すべての建物が壊れ、地上一階以上にいたほとんどの人は助からないかもしれません。しかしその区域でも、大深度地下空間（地下鉄、地下送電線、下水道、雨水の一時貯留池等）ならば、助かるチャンスはあります。

東京都心で水爆三発の地表爆発ならば、即死者は三〇〇万人くらいになるかもしれません（あくまで兵頭の想像値です）。

行政としてなんとかしなければならないのは、この三〇〇万人のことではありません。負傷したがまだ生きている住民を、いかにして救うかです。

一般に戦場では、「戦死者の最低二倍の負傷者が出る」と考えておくのが、統計学的には合理的であるように思えます。即座にざっと六〇〇万人以上の負傷者が出るでしょう。それはしかも、ほとんどが火傷（やけど）の患者です。

一定以上のイールドの核兵器が都市部で爆発したときの対人加害の特徴は、「熱傷患者」の数が、それ以外の怪我（けが）（破片が刺さったとか骨が折れたとか）をする人よりも桁違（けたちが）いに多くなることなのです。行政としては、このおびただしい火傷患者をどう救済するかの方針を、平時から持っていなければならないはずです。

仮に日本中の医師を総動員できたとしても、一度に数百万人の重度熱傷患者を治療できるわけがありません。医師以外のできるだけ大勢の人々が、平時から、これらの患者を応急手当てする方法を正しく知っていない限り、対処など不可能です。

もちろん、特別職国家公務員たる自衛官、消防隊員や警察官を含む地方公務員などは、繰り返し、その研修を受けておくべきでしょう。日本の行政は現状では、この確実な災厄(さいやく)に関しては、まるで無策です。

フォールアウトとは何か?

核弾頭の地表爆発では、火球が呑み込んで蒸発させる土壌、舗装道路やビルディングなどの建材、人体などの有機物や繊維、車両などの金属・ゴム類は、量的に極大化するでしょう。それらはすべて、中性子を浴びて放射性同位体に変わり、一時間かそこらのうちに、風下の広い地域に落下し始めます。その危険な放射性の灰や塵のことを「フォールアウト」と呼びます。

これらフォールアウトは、当初の数十時間はきわめて放射能が強いため、即座に避難できなかった住民は、密閉された建物(できれば公共の地下室)の内部で二日間から二週間、フォールアウトを吸い込んだり素肌で接したりしないよう待機、放射能が弱まるのを待ってから地域外への避難行動を開始することが望ましいとされます(一九六一年にアメリカ国防総省が市民に配布したパンフレットによる)。そのタイミングや方位や移動手段や経路については、必ずラジオ放送でガイダンスや指示があるはずですから、本書では詳説をしません。

このとき郊外の住民が自発的に即座に判断をしなければならないのは、上空の風向でしょう。自分の家が爆心の風下にないのであれば、そこから避難する必要はないかもしれないからです。

一般的に関東平野では、冬ならば北西風、夏ならば南風が吹いているでしょう。「NUKEMAP」のシミュレーションでは、夏でも埼玉県の所沢市やそれ以西の地域は、東京発のフォールアウトをかぶらないで済むように見えます。

しかし、特定の日の風は、三六〇度、どのようにも吹き得るものです。偶然に、核爆発の直後から数日間、埼玉県の方角に向けて地表近くの風が強まらないとは、誰にも保証はできません。

世界核戦争でも比較的安全な所沢

もし、米空軍の横田基地(東京都福生市)の上空で三メガトンの水爆が炸裂しますと、埼玉県所沢市は、熱線によって人の皮膚に「三度」の重い火傷が生じ得る圏内に入ってしまいます。

しかし、三メガトンの弾頭を搭載している中距離核ミサイルは、かってならともかく、現在の中共軍にはないと考えられるほか、既述したように核弾頭は決して余っているわけではなく、すべての在日米軍基地に律儀（りちぎ）に分配している余裕もまずありません。

儒教圏人の発想になりきってみれば、空中爆発よりは地表爆発（それは熱線の及ぶ面積が狭まる代わりに敵人の土地を永久に放射能で汚染できる）をチョイスするはずであること等も勘案しますと、東京への通勤圏内でありながら、世界が核戦争に突入してもなお比較的に安全であり続けるベッドタウンの代表として所沢市を挙げることに、私は躊躇（ちゅうちょ）しません。

とはいえ、東京が水爆攻撃されたときに運よく生き残った周辺諸都市の苦悩は、その直後から、たいへんなものになります。

まず、一〇〇万人単位の熱傷患者が都心方向から避難してくるでしょう。方角や時刻にもよりますが、移動に用いられる車両類が、早々に中性子や降下灰を浴びてしまっていて、「強烈なレベルではない二次放射線源」と化している蓋然性があります。

しかしそうだからといって、被災民の受け入れや通過を拒むことが周辺自治体にできるとは、思えませんよね。むしろ周辺自治体は、進んで、都心方向から来る人々に対する人道的救援の拠点基地とならなければいけません。

核爆発の熱線によって、かなり離れた距離で、何かの可燃物が発火することがあり得ます。被爆直後は隣接各地の消防機関も麻痺(まひ)してしまうでしょうから、核爆発の熱線が直接の原因ではないとしても、小さなボヤが多発し、それが町全体を焼き尽くす大火に発展しないとは、いい切れなくなります。

たとえば大慌てで、火の始末もしないで山梨県や群馬県方向へ脱出した人たちの自宅から、火事が起こるかも分かりません。それを鎮火(ちんか)させるべき消防分署は、他地区での救援活動のために、出払っているかもしれません。

消防ポンプ車は、フォールアウトが積もった公共施設や一般住宅に放水して、その灰を屋根から洗い流すという仕事にも引っ張りだこになるはず。大雨が三日ぐらいも続いてくれれば、その仕事は必要なくなるのですが、世の中、そんなに都合よくはいかないでしょう。水源地が渇水期でないことも、いまから祈るばかりです。

このとき、平時に東京湾の港に商船から陸揚げされ、湾岸の倉庫に貯蔵され、そこから関東一円に分配補給されていたすべての物資は、その物流が停止するため、所沢市には届かなくなってしまうでしょう。そこへ、市民人口を上回る避難民が殺到することにより、市内は物資飢饉に陥るはずです。

静岡県や愛知県から救援物資を送り届けようとしても、陸路ですと、山梨県や長野県から迂回して行かなくてはなりません。道路は大渋滞するでしょう。

つまり、隣接した群馬県や長野県に平時から十分な量の救援補給品のストックがあればいいのです。けれども現状では、そのような気の利いた体制の準備は、提言すらなされていません。日本のお役所には、非常時についての想像力は期待できません。

所沢の米軍通信基地は狙われるか

実は所沢市には、核戦争に直接関係した軍事設備も所在します。

米空軍機が核爆弾または空対地核ミサイルを搭載して作戦に当たる場合、大統領が最終的なゴーサインを出さないうちにパイロットの判断だけで投弾したり発射したりしては大問題ですから、核戦争関係の命令や報告のよどみない伝送のために、多重の無線系統が確保されていなくてはなりません。

核爆弾を搭載して敵国へ向かって飛び立った米軍機が、敵政府要人に対する政治的な「脅し」の任務を十分に果たしたあと、大統領命令によって攻撃は実行せずにまた基地へ引き返す……そういった柔軟な外交上のかけ引きの道具になることも、米空軍部隊には期待されています。

その期待に応えられるかどうかは、世界中に設けられた専用の通信施設にかかっているわけです。

所沢市内に置かれた「米軍所沢通信基地」は、横田基地の空軍司令部と回線が直結しており、在空の米軍機（それはグアム島やハワイから飛んできた長距離爆撃機かもしれない）に対する「緊急行動メッセージ」等を伝える「送信機能」の一翼を担っているようです。それ以上の詳細は「軍機」のため、うかがい知れません。

米ソ冷戦がたけなわであった一九八〇年代中ごろであったならば、こうした戦略任務支援用の重要通信施設は、核戦争の初盤で間違いなく、ソ連軍のＲＶによって狙い撃ちされ、蒸発させられていたでしょう。

対航空機用だけではありません。たとえば米海軍の、対水上艦隊用の通信施設とか、海中の潜水艦に対して超長波の指令を送信するための巨大なアンテナ群なども、冷戦中は日本各地にあったものです。

また一九七五年以前の所沢市には、電離層を反射してくる短波の乱れからソ連のＩＣＢＭ発射を居ながらにして察知する「ＯＴＨレーダー」の受信アンテナもあったそうです。その後、宇宙から赤外線センサーでＩＣＢＭ発射を見張る早期警戒衛星が発達したので、これは廃止されました。

旧ソ連には、アメリカが核戦争を統制的に指揮するために役立つこうした「神経」を緒戦で片っ端（かたっぱし）から破壊してしまうことにメリットがありました。その破壊を徹底すればするほど、ソ連軍の核兵備の生残率は上がると信じられたからです。

しかし中共軍は、旧ソ連軍のような考え方をしていません。いきなり米軍との全面核戦争を挑み、「勝ちに行く」というオプションは、中共中央には最初からないのです。

政治的かけ引きとしての小出しの核交換オプションか、さもなくば「核のドゥームズデイ」を意識したあとの多方面一斉核破壊オプションがあるだけの中共にとっては、むしろ緒戦で米軍の神経が麻痺してもらっては、かえって過剰反撃を引き出して困った事態に発展しかねません。

そして「核のドゥームズデイ」となれば、米軍の通信施設などは、もはやどうでもよい破壊対象で、「できるだけ多数の予備の核爆弾の温存」にこそ、頭脳を集中していかねばならないのです。

必ず攻撃される東海村

埼玉県は、茨城県にも境を接しています。が、中共が東京を核攻撃したあとでは、もはや茨城県方面からの災害救助支援は一切、期待することはできないでしょう。

といいますのは、もしも中共が「核のドゥームズデイ」を意識した暁には、必ず東京とともに、茨城県の東海村と青森県の六ヶ所村も、水爆で始末しておこうとするはずだからです。

二〇一七年六月、中国メディアの「今日頭条」も次のような主張を堂々と展開しています。すなわち――日本はすぐに核武装して核大国になる力を持っている。そんな国が隣にあったのでは「枕を高くして寝ることはできない」――。

できないんだったら、どうするのか？　もうお分かりでしょう。

茨城県那珂郡にある東海村には、国立研究開発法人「日本原子力研究開発機構」（長ったらしいので、本項では以下「原子力機構」と略します）が所在します。

原子力機構の母体は、旧原研（日本原子力研究所）と旧動燃（動力炉・核燃料開発事業団。その後、核燃料サイクル開発機構に改組）で、それが統合された結果、もっか日本の原子力関係技術者たちの総本山のようになっています。

もし「日本の核開発能力を一発の水爆で戦後二〇年間は停滞させてやりたい」と日本の敵国が願うのならば、その投下候補地は、東海村しかありません。

現役の動力炉（再稼動審査中の商業原発）である日本原子力発電株式会社の「東海第二発電所」の一基の原子炉とは別に、原子力科学研究所の「ＳＴＡＣＹ」「ＴＲＡＣＹ」「ＮＳＲＲ」「ＪＲＲ－３」「ＪＲＲ－４」「ＦＣＡ」「ＴＣＡ」という、運転可能な七つの「研究炉」もしくは「臨界実験装置」が、東海村には集中しています。それだけ、高度な専門性を持った研究者もたくさんここに集まっているわけです。

大強度陽子加速器「Ｊ－ＰＡＲＣ」も東海村にあります。もしこれが水爆で吹き飛ぶ日が訪れたりすると、設備といっしょに、わが国の高エネルギー物理学者たちの主力層が消滅してしまう蓋然性もあるのです。他の施設でも、類似の事情があります（この他、稼動が停止していて廃炉を待っている施設もいくつかあります。たとえば東京大学大学院の高速中性子源炉「弥生（やよい）」など）。

青森県の六ヶ所村には、たしかに日本で唯一の濃縮施設（天然ウラン中の「ウラン235」の含有率を原子炉級の三〜五％まで高める。稼動中）と再処理施設（原発で使用済みの核燃料からプルトニウムを抽出（ちゅうしゅつ）する。まだ試運転の段階）があります。が、一国の原発運営と同様、そうした設備や組織を活かすも殺すも「人材」の層の厚さにかかっているのです。

東海村を核攻撃すれば、日本の核関連業界の中核を成している最高レベルの技師多数が一挙にいなくなるのですから、その無形の影響は文字通り計り知れません。中共が「核のドゥームズデイ」を覚悟したときに日本に配分する水爆のうちの最低でも一発は、必ず、この東海村に配分するしかないのです。これと比べたら、どこでも代替可能な在日米軍航空基地など、ドゥームズデイには、もうどうでもいい目標です。

原子力機構の関連会社や子会社、さらに民間会社から機構に出向して常駐している技術者も多数、東海村には起居（ききょ）しています。彼らエキスパートが一掃されてしまえば、東日本の全原発の維持管理業務も、おそらくは現場監督級人材の払底（ふってい）から、著しく困難になるでしょう。

隣接する関連会社では、原子燃料工業株式会社東海事業所と、三菱原子燃料株式会社東海工場の二つの施設も同時に壊滅することによって、日本国内の軽水炉用核燃料の供給力は半分以下になるでしょう（東海村以外では、横須賀市内の久里浜の近くに沸騰水型原発の燃料棒を加工供給する株式会社グローバル・ニュークリア・フュエル・ジャパンがあり、また関西国際空港に近い大阪府泉南郡熊取町に、原子燃料工業の熊取事業所がありま す）。

殊に、三菱原燃が消滅してしまいますれば、加圧水型原発用の核燃料製造（再転換）ができるところが日本国内にはなくなってしまいます（沸騰水型原発用の再転換ができるところはすでになし）。

研究施設では、那珂市（といっても東海村の三菱原燃のほぼ隣）にある国立研究開発法人「量子科学技術研究開発機構」那珂核融合研究所などもいっしょに吹き飛ばされてしまう公算が高いでしょう。ここは日本の核融合研究の中心拠点です。放射線医学の研究者も多数、そこで働いています。

東海村に対する核攻撃は、「村」といってもかなり広いエリアに点在する諸施設を一発で破壊したいわけですから、高度数千メートルでの起爆モードになると思われます。したがって火球は地面に接触しません。

普通の都市に対する攻撃でしたら、これは「クリーン」な破壊になるところです。が、東海村には、日本原子力発電の「東海第二発電所」（軽水炉一基のための使用済み燃料が貯蔵されているプールのある建屋（たてや））を含む核関連施設が目白押しですから、圧壊・炎上したあちこちの建物から放射性物質が漏洩（ろうえい）し、それが火災の煙とともに拡散して地表を汚染してしまうことになるでしょう。

米軍の前進基地より六ヶ所を叩く

青森県上北郡（かみきたぐん）にある六ヶ所村、そこから三十数キロメートル南にある米空軍の三沢基地（航空自衛隊や民間飛行場も同居）、そのどちらを核攻撃すべきかは、中共軍にとっての悩ましい問題でしょう。

中共が、「核のドゥームズデイ」後の日本の核武装の阻止をとても重要だと考えるならば、東海村と同時に六ヶ所村にも水爆を落とし、濃縮プラントや再処理プラント、それに関わる技術者や研究者を念を入れて一掃したいところです。

他方で三沢基地には、一九八五年四月以降、米空軍の有力な「F16」戦闘攻撃機部隊が、ワイルドウィーゼル部隊（味方の対地攻撃機の侵攻に先立って敵地のレーダー等の防空システムを無力化するような特殊な電子攻撃機から成る）とともに展開しています。

もし米中戦争の初盤で、「警告核攻撃」が必要だと北京が判断した折には、嘉手納空軍基地や三沢基地など、日本の首都圏からも、大都市や大工業地帯からも離れている米軍航空隊の飛行場は、格好のターゲットとして破壊オプションになり得るでしょう。

しかし中共の体制にとっての「核のドゥームズデイ」の場合には、目標オプションの優先順位は、それとはガラリと変えねばなりません。

六ヶ所村には、認可法人「使用済燃料再処理機構」が仕事を委託している日本原燃株式会社の再処理施設、すなわち原発の使用済み燃料からプルトニウムを化学的プロセスによって取り出す工場と、同じく日本原燃の濃縮・埋設事業所の加工施設、すなわち天然ウランの「ウラン２３５」の比率を物理的プロセスによって高め、原発用の燃料棒の原料に供するための工場があります。

どちらも、日本で唯一、ここにしかない施設です（ちなみに有名な岡山・鳥取県境にある人形峠の濃縮プラントは廃止措置（そち）状態。東海村にあった再処理施設も稼動停止されて、解体待ちです）。

したがって六ヶ所村のこの二施設を破壊してしまえば、日本が自力で核武装する日は決定的に遠のくに違いないと、敵国は判断するでしょう。それは米軍の前進基地の破壊などよりも、意義のある攻撃です。

ちなみに、近くには「六ヶ所核融合研究所」もあります。

東日本の核関連施設はどうなる

いうまでもないことですが、中共の周辺にあるすべての国で、原子力系の研究は進められています。中共にとっての「核のドゥームズデイ」が来るからといって、それら諸外国の研究所や実験施設を全部核攻撃で破壊しておこうとすれば、核弾頭は何百発あっても足りはしません。

破壊目標は、よくよく吟味(ぎんみ)し、厳選しなければならぬわけです。

日本ですと、既述の東海村と六ヶ所村は、その選に漏れることはまずないでしょう。

しかし大洗町（二〇一七年六月にプルトニウム・濃縮ウラン貯蔵容器内のビニール袋が破裂し、作業員が被曝した事故で世間を騒がせた原子力機構大洗研究開発センターや、材料試験炉「ＪＭＴＲ」、黒鉛減速・ヘリウムガス冷却式の高温工学試験研究炉「ＨＴＴＲ」、およびナトリウム冷却型高速実験炉「常陽(じょうよう)」などがある）や、川崎市川崎区（東芝の臨界実験装置「NCA」がある）になると、「お目こぼし」にあずかる確率は高いだろうと想像されます。もちろん、将来のことですから、誰にも断言はできません。

ちなみに、北海道大学、東北大学、東京工業大学、京都大学、大阪大学、九州大学は、それぞれ「未臨界実験装置」を持っていて、そのための天然ウランや低濃縮ウランアルミ合金（これは東工大のみ）を貯蔵しています。また名古屋大学も、装置はないのに、やはり核燃料物質を保管しています（二〇〇三年時点の調べ）。

中共が、日本の核技術者を根絶やしにしたいと念願するなら、これらの拠点も攻撃対象になるのかもしれませんが、何度も繰り返しますように、核保有国の核弾頭は決して余ってはいません。これらの研究所への核攻撃を想像するのは、非現実的だと思います。

第四章　なぜ大阪は狙われないのか

かもしれません。

神戸と熊取の中間——大阪の運命

この章のタイトルを見てホッと安堵した大阪府民のみなさん、それは糠喜びに終わるかもしれません。

大阪市が直撃されなくとも、神戸港と熊取町（大阪府泉南郡）には、中共軍からの水爆攻撃が加えられる可能性が高いからです。

戦後のわが国における潜水艦建造の中心地である神戸港は、日中の戦争の初盤から「警告」「見せしめ」として核攻撃される可能性があるのみならず、中共がもし「核のドゥームズデイ」を意識すれば、そのときは「戦後保険」としての最後っ屁のような核破壊を受ける運命にあります。

先進国の大型潜水艦建造技術は、それだけで、国際的な戦略価値を有しているのです。

また熊取町は、中共から見た核攻撃目標の優先順位としては、東海村や六ヶ所村よりは下位になるのですけれども、中共が核戦争で荒廃させた直後に改めて日本が核武装しようとする拠点になり得るという見地からは、やはり茨城県大洗町と並ぶ「次点」的な重要度が認められます（それに次ぐ第三位は、東芝の臨界実験装置が所在する川崎市川崎区でしようか）。

もし、大阪湾の北岸に位置する神戸港と、南岸にある熊取町で相次いで核災害が発生すれば、そのあいだに挟まれた大阪市、京都市、奈良市、堺市等も、フォールアウトなどの影響を蒙（こうむ）って、とうてい無事で済むわけはないでしょう。

それに、日本の敵国は中共だけではありません。

本書では想定を複雑にし過ぎないように考察を避けましたが、中共の他の核保有国で、たまたま日本が憎くてたまらない人物が核攻撃目標を自由に選んだとした場合、そのリストの二番目くらいに大阪市（大阪府の重心点）が入っていない確率は、たぶん低いでしょう。なんといっても東京都の次に大阪府の人口と経済規模と存在感は大きいのです。

佐世保軍港と岩国航空基地の価値

中共軍の核戦争プランナーの目から見て、西日本で核攻撃の候補目標として上位にカウントしているであろう軍事施設は、佐世保軍港、岩国航空基地、嘉手納空軍基地、呉軍港、舞鶴（まいづる）軍港等です。東広島市にある川上弾薬庫、沖縄県にある辺野古（へのこ）弾薬庫のような米軍の弾薬庫も、リストに入っているのかもしれません。

佐世保軍港は伝統的に、アメリカ海兵隊のドック型強襲揚陸艦やヘリ空母などを受け入れており、海兵隊の作戦を支援する設備が整っています。また二〇一七年度末からは、陸上自衛隊の島嶼防衛専門部隊である「水陸機動団（仮称）」も佐世保市内に新編され、ホバークラフトやオスプレイ（佐賀空港に展開予定）で尖閣諸島方面まで駆け付けられるようになります。

岩国航空基地には、米海兵隊の航空部隊のための本格的な飛行場と弾薬庫があり、F／A18やハリアー、F35Bなど、海兵隊が保有する作戦機を重厚に支援できる設備が整っています。もし朝鮮半島で新たな動乱が勃発した場合は、海兵隊所属の戦闘攻撃機は、ここから作戦するのが合理的でしょう。

また岩国航空基地の岸壁は水深が一三メートルもあって、『ニミッツ』級の正規空母でも、そのまま横付けできるようになっています。その利便性では佐世保軍港以上かもしれません。

そして佐世保にも岩国にも、海兵隊員の家族の住宅が街を成しています。この二拠点を水爆で破壊されたら、米海兵隊の極東での活動には、かなりの支障が生ずるはずです。

ただ政治的には、この二ヵ所と呉軍港は、北京の政治指導部をして、早期に積極的に核攻撃するのは待とうと思わせるところがあります。というのは、局外の外国人の目から見た場合、佐世保は長崎市に近く、岩国や呉やいくつかの米軍弾薬庫は広島市に近いためです。

それはアメリカ政府の宣伝にとって、見逃せないポイントです。一九四五年の対都市原爆投下について密かに罪の意識を有しているアメリカメディアが、「中共は長崎と広島（の近く）を核攻撃した！」と、大喜びで非難報道することになるのは目に見えているでしょう。そのように国際宣伝で悪者扱いされるのは、中共の指導部としては面白くないことなのです。

それに、東京や大阪のような大都市からは遠い地点を最初に核攻撃すれば、日本政府はむしろ、それを中共の弱気と受け止める蓋然性もあります。ますます日本政府はアメリカに寄り添おうとするだけかもしれません。

かたやアメリカ大統領の立場になると、そこで大量死させられた海兵隊員やその家族の仇（かたき）を討（う）たないでは次の選挙（中間選挙または大統領選挙）で負けますから、対中核報復の規模を一段階上げようとするのは間違いありません。そのような展開になるのなら、何のために核戦争を開始したのか分からなくなるでしょう。

ご参考までに。在日米軍は全軍種あわせますと四万七〇〇〇人くらいの規模ですけれども、日本に呼び寄せられている家族や軍艦内の居住者までを合計しますと、一〇万人を超えるといわれています。また、在韓米軍（二万八五〇〇人、それを含めアメリカ国籍の住民は一四万人）と在日米軍の顕著な違いは、在韓米軍が「米陸軍」の存在が大きいのに対して、在日米軍では「米陸軍」の存在は小さく、その代わりに「米海兵隊」の本格的な拠点があることです。

呉や岩国よりも関門海峡が危ない

地政学の目を備えた人物が日本地図を眺めますと、将来もし、中共が国家存亡をかけた多方面核戦争にコミットした際には、わが国の「関門海峡」が中共軍の二メガトン級の水爆ミサイルで攻撃されない可能性はほとんどないことを、容易に直感するだろうと思います。

昔の日本語で、狭い水道のことを「と（門・戸）」といいました。その「と」が延々と続いている地形の様子から「ながと（長門）」と呼ばれた場所が関門海峡なのです。

二メガトンの海面爆発は、火球が両岸（北岸は下関市。南岸は北九州市小倉北区および門司区。最短幅は六五〇メートル）の陸上にやすやすと届いてしまうのみならず、海底（深いところで水深四七メートル）にもクレーターをつくり、そこにはガラス状の放射性土壌が残されて、半永久的に放射線を発し続けるでしょう。

もちろん火球の外側には、放射性同位体と化した海水飛沫が大量に降り注いで、なかなか拭えない汚染を両岸の陸地の上にもたらすほか、風下（夏ならば山口県方向、冬ならば福岡県と大分県方向）にはフォールアウトの雲がたなびきます。それによって、関門トンネルの地上出入り口付近も、陸上からのアクセスは不能になってしまうでしょう。

核汚染帯の中心を通過する被曝リスクを冒してでも急がねばならぬ任務を帯びた軍艦ならばともかく、民間船舶でこの海峡を利用しようとしてわざわざ近寄る者など一隻もなくなるはずです。

この一発の核爆発によって、北九州圏と大阪圏の交通連接が分断されて、西日本の「戦後復興」を著しく停滞させることが確かとなるばかりではありません。瀬戸内海経済全体が、「戦後」の中国大陸や朝鮮半島経済とは、まったく切り離されてしまうでしょう。

第二次世界大戦以前、大阪の繊維資本によって上海一帯を「経済侵略」された苦い思い出を持つ中国人には、それは安心できる未来なのです。

呉の海上自衛隊基地も、平時に関門海峡が通航できなくなったら、日本海での機敏な活動にはもう関与はできません。広島に米軍の大きな弾薬庫があっても、それを朝鮮半島に機敏に海送することはできなくなってしまいます。

関門海峡の破壊は、極東における「日本のプレゼンス」そのものを不可逆的に沈滞させるでしょう。これは、呉軍港や舞鶴軍港などの破壊とは、長期的な効果が比較になりません。

日清戦争の大敗を民族の恥と考えている中国人たちにとり、降伏条約が締結された下関をキノコ雲で覆い尽くすことも、欣快事(きんかいじ)に他ならないでしょう。

一九四五年にアメリカは、長崎よりも「小倉」(今の北九州市)を、二発目の原爆の投弾地リストの最上位に置いていました。もしそれが実行されていたならどうなったかも、私たちは考えてみる価値があるのです。

嘉手納基地の政治的価値は

米空軍の嘉手納基地には、米海軍の大型機なども同居しており、米軍航空部隊が中国本土空襲作戦を組み立てるときの最前線拠点となるところですから、米中戦争あるいは日中の戦争の初盤でも中盤でも終盤でも、そこは中共から見て、常に核攻撃の候補目標たり得ます。

念のため、また繰り返して説明をしておきます。米空軍の航空基地の機能は――貯蔵してある大量の弾薬だけはさすがに置き去りですけれども――機体と整備チームと管制係については、有事には身軽に移転（臨時の引っ越し）ができるようになっているのです。これは海軍基地等との大きな差異です。

つまり、「米軍機が中国本土に空襲を仕掛けられないようにする」という目的のために航空基地を狙って戦術核兵器を投射しても、中共軍の目的は、決して達成されることはありません。海兵隊の普天間飛行場等でも同じです。

米軍機は、九州や本州や、あるいは第三国の予備的な飛行場（それには大小の民間空港も含まれます）から、いくらでも中共への空襲を続行できる。そうなることは、中共軍側には前もって分かっています。

日本政府や東南アジア諸国に対する派手な「見せしめ」、あるいは、米軍と米政府に対する強烈な「警告」としてのみ、嘉手納空軍基地等の破壊は考えられるのです。

核爆発に巻き込まれる純民間人の数が他の基地よりも少なく、それでありながら、米軍のプレゼンスを象徴するような巨大基地である点が、中共側から見た場合、嘉手納空軍基地の破壊目標としての政治上の価値を特別なものにしています。「一般住民虐殺」の汚名を着せられたくない場合には、特に考慮されるでしょう。

海上自衛隊の二つの軍港の運命

呉軍港は海上自衛隊の一大拠点ですから、もし「核のドゥームズデイ」を中共軍が覚悟した際には、ここは「地獄の道連れ」として核攻撃する価値のあるターゲットになるでしょう。

しかし、米中の戦争や日中の戦争の初盤で核攻撃されることは考え難い。先にも書きましたように、位置が広島市と近すぎて、「中共が広島を核攻撃した」というアメリカ発の国際宣伝の材料に使われてしまうからです。

一方、舞鶴軍港は、日本海に面した最大の海上自衛隊基地です。日本海に展開する海自のイージス艦は、舞鶴から直接のサポートを受けます。

明治いらい蓄積された、海軍部隊をサポートするためのさまざまなインフラは、おいそれと引っ越しなどはできない重厚さで、舞鶴市内に遍在しています。中共が核攻撃する際のターゲットとして不足はありません。

と同時に、核爆発の巻き添えになるであろう舞鶴市民の数は、港を二分するような丘陵の起伏も手伝って、横須賀市や神戸市の場合よりも、はるかに少ないでしょう。

それは、アメリカ政府や日本政府に対する「警告の一発」として、戦争の初盤や中盤で核爆弾を落とすときの、参考されるべき注目項となります。季節が夏であれば、降下灰もすべて南風によって日本海へ運ばれ、大阪や名古屋には向かわないでしょう。

その代わり、若狭湾は「原発銀座」です。舞鶴に近い高浜原発と大飯（おおい）原発の運転は、舞鶴の被弾直後から不可能になるでしょう。二次放射能を避けるため、従業員の疎開が必要になるだろうからです。

少し離れた美浜（みはま）原発と敦賀（つるが）原発も、二次放射能を運ぶ風次第では、運転を中止するしかなくなるかもしれません（以上はすべて、原発の運転が再開されている未来を仮定しています。高浜原発はすでに一部再稼動しています）。

原発を巻き込むことによって日本国内に生ずるであろう民衆の心理的な動揺は、日本政府をして「中共に屈服する」道を選ばせるのに適当なものになるかもしれません。

実は東京に次いで危ない神戸

瀬戸内海に面した神戸港は、海上自衛隊や米軍の「軍港」でこそないのですが、わが国に全部で二社しかない、大型の潜水艦を建造できるメーカーの関連拠点がそこだけに集中しています。そのため、日本の敵国が「戦後」の軍事バランスを考えたときには、ここをとりあえず破壊しておくことは、大きなメリットとなり得ます。

駆逐艦や巡洋艦のような水上軍艦ならば、大概の民間の造船所でも、緊急要請と資金補給とがあればなんとか建造ができるものです。戦前と違って、厚さ数十センチもある特殊防弾鋼板など、もう水上軍艦には使われないからです。が、二〇〇〇トン以上もある本格的な潜水艦だけは、設備も工員も、スペシャルなものが揃っていなければ、どうしようもありません。

そしてもし、その専門の造船所が壊滅したならば、工場と工員の代替は、どこにもありません。素人をいくらかき集めてきても、欠陥品の潜水艦しか建造できないはずです。

軍港も造船所も、「施設」だけでは無力です。そこを機能させているのは、熟練のスキルを連綿と先輩から後輩へ受け渡している造船工や港湾労働者たち。中国大陸にはまったく存在しないタイプの職人です。

されればこそ、水爆によって船渠を破壊するだけでなく、その造船所に作業員たちが半永久的に近寄れないようにすることが重要なのです。

先に横須賀のケースで解説しましたように、火球が水面に接するような低空で水爆を起爆させれば、おびただしい体積の放射性の海水飛沫が生じます。それを空から隈なく注がれてしまった神戸港内の全造船所には、少なくとも数年間はもう、一般人が近寄ることなどできなくなるでしょう。

神戸港の水面上で水爆を炸裂させると、飛沫は神戸市外までは襲いませんが、降下灰が大阪湾一帯で観察されることは確実です。大阪府を中心に、住民は大パニックに陥るでしょう。

第二次世界大戦末期にも空襲を受けたことがなかった京都や奈良にも、風向きによっては、放射性の降下灰の洗礼があるかもしれません。それによって引き起こされる大規模な避難騒動も、東京の日本政府に対する「次の一発には耐えられるかな？」という脅迫メッセージになるはずです。

また、横須賀の被爆が東京湾を使用不能に陥れるように、神戸への一発は大阪港の物流機能を麻痺(まひ)させるでしょう。

横須賀で水爆が炸裂しても、近辺の空港や幹線鉄道や高速道路までが直ちに機能を停止することはありません。しかし神戸で水爆が炸裂した場合、必然的に、大きな交通障害が付随します。関西国際空港、伊丹(いたみ)空港（大阪国際空港）、神戸空港は、一時的に使用が見合わせられるでしょう。山陽自動車道は神戸の前後で通行止めとなり、鉄道も当分は、そこで分断されたままにされるでしょう。

熊取町と東大阪市の原子炉は

ユーラシア大陸国家の政治指導者は、日本人とは違い、常に国外の複数の「強敵」を意識しています。

そして、すでに核を保有している国家の指導部が「核のドゥームズデイ」に直面した場合、手持ちの核兵器をできるだけ有効に活用して、可能な限り長い期間、自国にとっての外からの脅威のレベルが低くあり続けるよう願います。その強敵たちを「ドゥームズデイの道連れ」にしてやろうと企図することは、至って合理的でしょう。

ある周辺国が現在は核武装していなくとも、「核武装可能」な条件を有していたら、それはすでに「強敵」であるも同然です。

たとえば、シンガポール国民の旺盛な経済活動に対し、近隣各国が目を瞠(みは)ることはあっても、シンガポール軍に自国の安全が脅かされる日が来るだろう、とは考えません。

それは、シンガポール軍の動員戦力が小さいこともありますが、同時に、シンガポール国内に核関係の企業や工業インフラや研究所や実験設備、専攻学生や専門技術者の人材プールが、無視できるほどしか存在せず、それゆえ将来同国が短期間で核武装するような可能性はほとんど見込まれないからです。

しかるに、中共から見てわが国は、いつでも核武装できそうな強敵ですから、中共が「核のドゥームズデイ」に直面したときには、日本の核武装の芽を摘むための予防的核攻撃を、必ず検討します。

その目的での筆頭標的は茨城県東海村であり、次が青森県六ヶ所村であることはすでに記述をしました。

が、実は西日本にも、核開発の拠点都市があるのです。それが、大阪府泉南郡熊取町で、大阪湾の海上空港である関西国際空港からは一四キロメートルほど、神戸港からは三四キロメートルくらい離れたところに位置しています。

熊取町には、沸騰水型の原子力発電所のための燃料のメーカーである原子燃料工業の熊取事業所が所在するほか、京都大学の研究用原子炉「ＫＵＲ」（濃縮ウランを使う軽水炉で熱出力五メガワット）と、同じく京都大学の臨界集合体実験装置「ＫＵＣＡ」（濃縮ウランを使い、短時間最大熱出力一キロワット）もあります。

残念なことに、ＫＵＲの周辺で、「北朝鮮が核武装できたのは、京都大学などが学生・教官のバックグラウンドチェックをしないで在日朝鮮人に核研究設備を使わせてやったからではないのか」という疑惑がささやかれるぐらい、オープンな「学風」があるのは本当なので、中共としては、ここを見逃しておくことはできないでしょう。

この他にもうひとつ、東大阪市に、近畿大学原子力研究所の近畿大学原子炉があります（再稼動済み）。熱出力が一ワットしかない教育研究炉で、万一ここに飛行機が墜落しても核惨害など生起すまいと思うのですが、航空自衛隊のパイロットに手渡されるハンドブックには、この施設の座標もちゃんと明記されていて、その上空は避けて飛行しなさい、としっかり指導されています。他の商用原発と同じレベルの扱いです。

もし熊取町に水爆攻撃があるとすれば、それは神戸港に対するもの（「東風４」の二メガトンＲＶの海面爆発）とは違って、「東風21」の二〇〇キロトン程度のＲＶの空中爆発になるでしょう。そうなるとフォールアウトの影響はほぼ無視してもよい程度ですが、奈良市や京都市では、人々のあいだにパニックが広がることは確実です。

水爆が民家を壊す半径は九キロ

神戸と大阪とは二〇キロメートルぐらい離れています。

もし二メガトンの水爆が神戸上空の最適高度で爆発したとしても、普通の戸建ての民家が損壊するような爆風が届く半径は、九キロまでです。

また、二メガトンの水爆が、熱線によって「三度」の熱傷をもたらす半径を最大化できる高度で炸裂した場合には、その半径は水平方向に約一七キロです。

おそらくは、神戸港を攻撃するRVは、潜水艦の造船所を半永久的に使用不能とする目的で、海面高度での起爆とされるはずですから、強い爆圧が及ぶ半径も、強い熱線が到達する半径も、上記よりは相当に小さくなるでしょう（その試算値はありませんので、定量的には表現ができず、このように定性的にいい得るのみです）。

つまり大阪市の北東寄りの住民は、神戸への弾着と同時に大きな被害を受けることはありません。しかし、その直後からのフォールアウトは、熱線よりもずっと遠方へ届くのです。

公開ソフトの「ＮＵＫＥＭＡＰ」がそのあたりの夏の定常風を、北東の方向へ風速二四キロメートル／時で吹くものと仮定して試みた計算によりますと、神戸のすぐ隣の大阪市の南西寄り部分には、塵は僅かしか降りません。毎時一ラド（〇・〇一グレイ）の放射線被曝で済むと予想しています。

一般に、五ラド以下の被曝ならば、人間の造血器官がダメージを受けたりすることはないので、戦時ならばこれは無視されてしまうレベルでしょう。

水爆の熱が空気を持ち上げる力は強大であるために、大きな公園の噴水のように、塵や灰はいったん成層圏まで持ち上げられて、すぐ近くには落下せず、相当に離れたところから地表に降り始めます。塵は、大阪市を半分ほどアーチ状にまたぎ越して落ちる格好になるわけです。

ところが大阪市の半分から向こう側、箕面市から琵琶湖の北部にかけては、毎時一〇〇〇ラドの放射線被曝をもたらすフォールアウトが積もると「ＮＵＫＥＭＡＰ」は予想しています。人間は、もし六〇〇ラドを浴びてしまえば、病院でいかなる手当てを受けようとも、三〇日以内に全員死ぬとされています。となると、毎時一〇〇〇ラドの圏内では、戸外で行動することが許されるのは二〇分未満でしょう。

水爆由来の灰が積もり始めてから二〇分以内にシェルター（できれば公共地下空間。それがなければ地上の大きなビルや、自宅の中央部でもよい）に駆け込んで、灰を洗い流してじっとしていれば、その人は、かろうじて三〇〇ラド以下の被曝で済むかもしれません。三〇〇ラドくらいまでの被曝量なら、病院で治療を受ければ助かる可能性があるのです。

なお本書では、急性放射線症の詳しい解説はいたしません。症状や治療法についてもっと具体的に知りたい方は、インターネットで簡単に学ぶことが可能になっています。

また、何日ぐらい室内で待機すれば戸外の塵の放射能が弱まるのかといった行動指針については、札幌医科大学の高田純教授の一連の著書、たとえば二〇〇五年刊の『核災害に対する放射線防護』『核災害からの復興』などを参照されることをお薦めしておきます。

さて、ここまで何度も引用している「ＮＵＫＥＭＡＰ」とは、気象ファクターを極端に単純化してあるソフトです。当日にどの方向の風が、どのくらいの強さで吹くかによって、実際に「毎時一〇〇〇ラド」の恐ろしい塵が積もる地域がどこになるかも、ガラリと変わることでしょう。

もし神戸港の被弾当日に、ちょうど京都市や奈良市の方角への風が吹いたとすれば、京都市または奈良市は、「毎時一〇〇〇ラド」のフォールアウトに包まれてしまう可能性があります。

むやみに街なかをうろつかず、爆心地の風下とは異なる方角の遠隔地へ疎開するか、放射線量が自然減衰するまで全住民が屋内もしくは地下空間で気長に待機することができたならば、これらの風下に位置した自治体で、何万人もの人が死ぬことはないでしょう。しかし自治体の防災担当者に、フォールアウトについての知識と計画と準備が足りなければ、出さなくてもいい犠牲者を増やしてしまうことになるかもしれません。

もしも京都市、もしくは奈良市が、「毎時一〇〇〇ラド」とはいわずとも、「毎時五〇ラド」程度以上のフォールアウトでもかぶるようなことになったとしたら、両市は「核戦争後」の長い期間、観光産業がほぼ成り立たなくなるでしょう。

しかし、古い建築などの文化遺産が、フォールアウトによって物理的に破壊されるわけではないことは、もちろんです。今日、『第五福竜丸』の船体に、見学者が手でいくら触れても健康には何の問題もないように、年月が経過すれば、また修学旅行の定番観光地として、町全体が復活できるでしょう。

大阪は所沢以上に物資不足に

大阪市が大きな問題に直面するとすれば、それは先述した所沢市以上に、「避難民」と「物資不足」が深刻になることでしょう。

仮の話、東京都に水爆が落ちた暁には、所沢市民は、いつでも思い立って西隣の県へ脱出して疎開することができるわけです。しかし神戸と熊取町が被弾した暁には、それが北風の優勢なシーズンでない限り、大阪市民は「逃げ場」を失ってしまうはずです。

なぜなら、神戸市方向は地面そのものが致死的な放射線を出しているので、車両であろうとも通行は自殺行為です。

京都市や琵琶湖、もしくは奈良市のある内陸の方向は「毎時一〇〇〇ラド」のフォールアウト地帯になっており、やはり進入が自殺行為となる可能性があります。

和歌山県方面は、泉南郡の熊取町の上空で二〇〇キロトン水爆が炸裂しているので、道路はガレキの山でしょうけれども、フォールアウトは無視できるレベルなので、徒歩で避難が可能かもしれません。しかし大衆の心理として、爆心地にわざわざ近づくような疎開行動を選べるのかどうかは疑問です。

「一次被害」の最も軽微な大阪市内にそのままとどまっているのが、住民としては一番安全なのかもしれません。しかし周辺の自治体からは、一〇万人単位の避難民が大阪市へ集中してくるでしょう。その多くは、なんらかの治療を必要とする人々なのです。

二ヵ所の核爆発により、近辺のコンテナ港も空港も鉄道網も麻痺してしまうでしょうから、大阪市内では「物資飢饉(ききん)」が間違いなく起こることでしょう。

第五章　北朝鮮が狙う千歳と小牧

北朝鮮は在日米軍を攻撃できない

アメリカ東部フロリダ州まで到達するICBMを持っておらず、また、国産の原爆（自称は水爆。ただし塵成分による実証がされていない）を、本当にミサイルの「弾頭」として使えるのかどうか分からないようなできばえのものも含め、一〇発前後しか整備できそうにない現今の北朝鮮にとり、体制の終焉する日に地獄の道連れにする相手は、中共と韓国と、比較的に近距離に所在する米軍（在韓米陸軍基地、在韓米空軍基地、在日米軍航空基地）だけに限られます。

実際には、韓国内で破壊したい目標の数がどうしても多数に上るため、在日米軍にまで配分できる核弾頭があるかどうかは、甚だ疑問です。

しかし、北朝鮮の現体制にとっての「核のドゥームズデイ」に、もっと先行する段階で、米軍や中共軍に向かって「俺たちに手出しはするなよ」という警告を与える目的の核攻撃を、日本の都市に対して実行するという選択は、軍事的にも政治的にも合理的なので、もしかするとあるかもしれません。

というのは、地対地ミサイルの水平飛翔距離で一一七〇キロメートルぐらいのところにある日本の都市の上空で実際に核弾頭を炸裂させてみせないと、どうしても北京に対する脅しの言辞に迫力が伴わないという、北朝鮮独特の懸案が存在するのです。

北京は、北朝鮮の北西部から測れば九四〇キロメートル未満しかありませんけれども、北朝鮮の北東部からは一一七〇キロメートル強あります。

実際の戦争になったなら、できるだけ国土の奥地からミサイルを発射するようにしませんと、すぐに中共軍が国境から雪崩れ込んできて、そのミサイル基地は地上部隊によって制圧されてしまいかねません。弾道ミサイルの射程には、できるだけ、余裕が必要なのです。

では、そもそもなぜ、北京を核ミサイルで威嚇しておく必要が、北朝鮮にはあるのか？

いま、北朝鮮体制を軍事力によって短時日のうちに攻め滅ぼせるのは、中共軍だけであると見られているからです。

カタログデータの上では、米韓軍にもその能力は十分に備わっているのですけれども、そうした面倒な戦争を敢えて始める「意思」が米韓両国にあるのかどうかについては、誰もが疑いを抱いています。

かたや中共軍は、中共中央の命令一下、首都・平壌市まで、戦車と歩兵部隊を雪崩れ込ますことができるでしょう。

北朝鮮ミサイルの弾頭重量はゼロ

中共軍にそのようなマネをさせないためには、「北朝鮮はいつでも北京を、地上機動式の核ミサイルで攻撃できるのだ」という証拠を早めに見せておかなくてはならないはずです。

ところが現状のままでは、「北朝鮮の地上機動式の核ミサイル」なるものは、まったく「フェイク・ニュース」の類いに過ぎません。

何ひとつ、その実用化を疑いなく立証した実験は、示されていないためです。

弾道ミサイルは、垂直に近い角度でテスト発射して到達できた最高高度の、二倍強の水平射程を実現するポテンシャルがあることは、単純な物理の法則です。

北朝鮮は二〇一七年五月一四日に、一基の液体燃料式の弾道ミサイルを、高度二一一一・五キロメートルまで持ち上げてから、水平距離で七八七キロメートル先の海面に落下させるというデモンストレーションに成功しました。これによって、水平に四二二三キロメートルは飛ばせそうなロケットを持っていることは示されたのですが、それが、燃料を注入した状態で車両に載せて陸上を移動できるミサイル・システムであるのかどうかは、依然として証明されていません。

もしそれが、地下トンネル出口から任意の発射点までの地上走行に手間取るものであったり、ミサイルを起立させてから液体燃料を注入しなければならない技術的に遅れたシステムであったりするのだとすれば、実戦では使い物にならぬ可能性があります。敵が先に感づいて、北朝鮮を一瞬早く核攻撃してしまう口実を与えるかもしれないからです。

早い段階で平壌が核攻撃されてしまったなら、小さな核ミサイルがいくつかあったところで、「金王朝」体制の崩壊を防ぐ役には立ちません。

ミサイルがその射程ポテンシャルを証明したとしても、それだけではまだ、世界に対して証明し切れぬ基本的な疑問は残されたままです。すなわち、そのミサイルに取り付けられる「核弾頭」の重さです。

ミサイルに載せる弾頭部分が何百キログラムなのか（または何トンなのか）によって、最大射程も大幅に変動するのは当然でしょう。二〇一七年五月のミサイルも、弾頭重量が「ゼロ」のフェイク・テストだったかもしれないのです（というか、十中八九、そうでしょう）。

在日米軍への先制攻撃もゼロ%

冷戦時代末期に、アメリカのワイオミング州F・E・ウォーレン空軍基地に五〇基配備されていた最新型のICBM「ピースキーパー」は、あまりにも軽量化を狙っていたためにロケットの力に余裕がなく、本来のMIRV一〇個の仕様のままでは、ソ連の最も南に位置する、したがって最も飛距離が長くなるICBM基地まで、届かせることができませんでした。そこで米軍では、一部の「ピースキーパー」のRVの数を減らして軽くすることで、その射程不足問題に対応しなければなりませんでした。

アメリカ並みの高度の技術を持った国ならば、超軽量の原爆（総重量数十キログラム）を製造することもできます。しかし北朝鮮の「原爆」や「水爆」の重さを実測した外国人は、誰もいません。二トン以上もある原始的な原爆かもしれないのです（長崎の原爆は約四・五トンでした）。

それが中距離ミサイルの弾頭に載るような寸法かどうかも、誰も見た者はいません。ということは、使える「核弾頭」など、実は存在していないかもしれないわけです。

であれば、北朝鮮はどうやったら、「車両機動式で固体燃料式の中距離弾道ミサイル

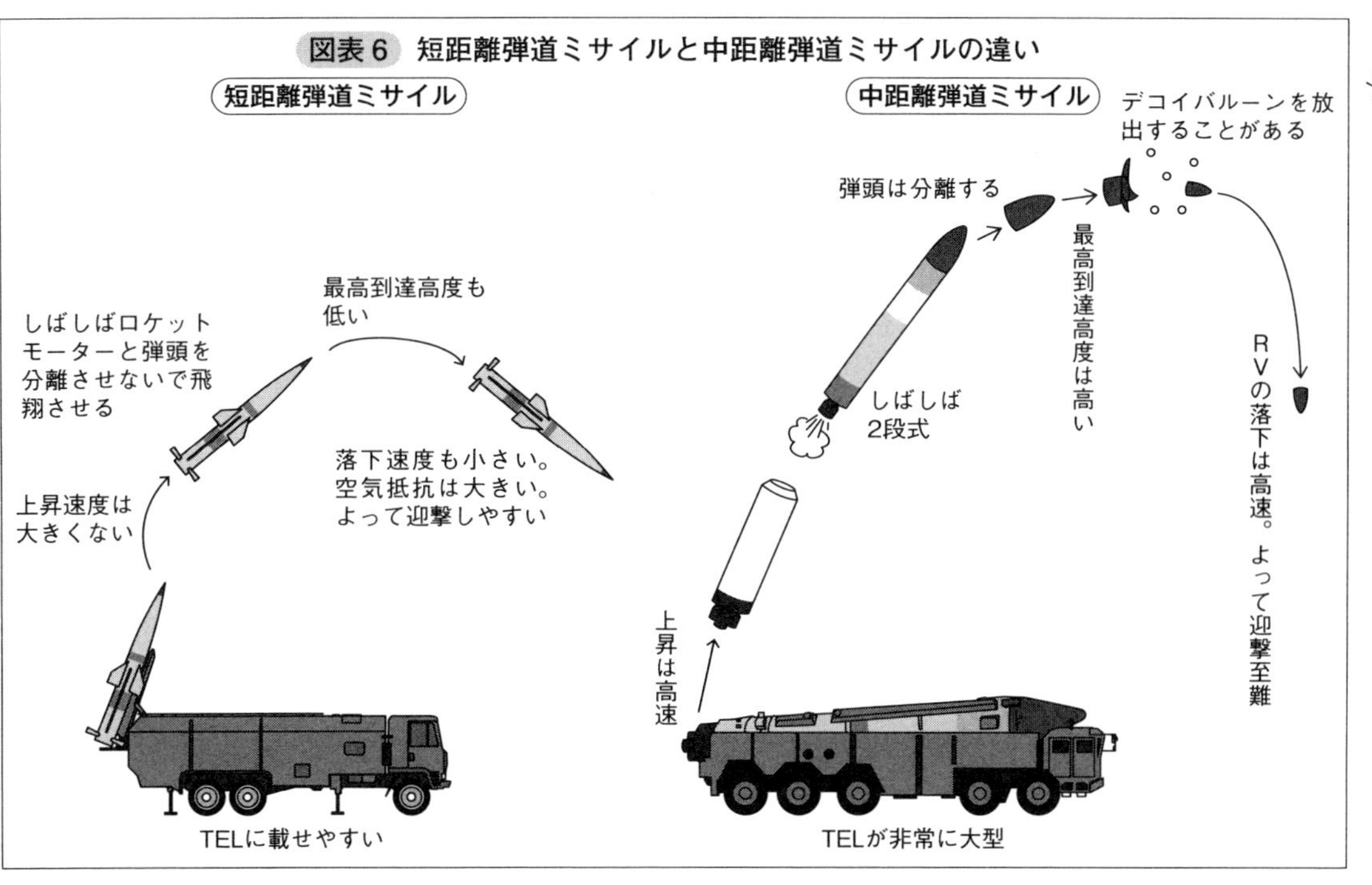
図表6 短距離弾道ミサイルと中距離弾道ミサイルの違い
短距離弾道ミサイル
しばしばロケットモーターと弾頭を分離させないで飛翔させる
最高到達高度も低い
上昇速度は大きくない
落下速度も小さい。空気抵抗は大きい。よって迎撃しやすい
TELに載せやすい
中距離弾道ミサイル
弾頭は分離する
デコイバルーンを放出することがある
最高到達高度は高い
しばしば2段式
上昇は高速
RVの落下は高速。よって迎撃至難
TELが非常に大型

で」「北京までの飛距離と等しい一一七〇キロメートルぐらい遠くにある任意の都市に対して原爆弾頭を投射することが実際にでき」「その原爆は本当に爆発するものであって」「しかも数キロトン以上の破壊力がちゃんと発揮される」ということを、北京の指導層に対して疑いの余地なく証明することができるのでしょうか？

そのためには、米軍や中共軍から北朝鮮が総攻撃されることになりそうな雲行きの、危機的状況の初期の段階において、日本の適当な都市を核ミサイルで実際に攻撃してみせるのが、いちばん悧巧（りこう）なのです。

そもそも北朝鮮が核武装に熱心な理由は、アメリカ東部まで届くＩＣＢＭを持ちさえすれば、アメリカは北朝鮮を中共と同格に扱ってくれるようになるだろう、と期待するからです。それは「現体制の生存保証」とイコールです。

アメリカ人をひどく怒らせて、米軍からの核反撃を招くような先制攻撃は、北朝鮮側からは絶対に発動することはできません。平壌に水爆が一発落ちただけで、北朝鮮の現体制は崩壊するに決まっているからです。

その一方で、アメリカ大統領を「恐怖」させておく必要が、北朝鮮にはどうしてもあります。彼らにとって好都合なことに、陸軍を主力とする在韓米軍は二万八五〇〇人を数えます。特に陸軍の駐屯地を「スカッド」級の短距離ミサイルで原爆攻撃すれば、一万七〇〇〇人の米軍将兵と、その数倍の家族等を核爆発に巻き込めるのですから、「人質」としては、まさにお誂え向きでしょう。

いうまでもなく北朝鮮としては、この在韓米軍を先に核攻撃するのは愚の骨頂で、あくまでアメリカ大統領の手足を縛るための「人質」として最後の最後まで生かし続けなくてはなりません。まったく同じ理由で、在日米軍基地に対する北朝鮮からの先制的な核攻撃も、あり得ないオプションです。

米軍のいない千歳と小牧の危険性

ところで、東京や大阪や福岡のような日本の大都市には、米軍の大きな基地こそありませんけれども、商用や私用や公用でたまたまそこに所在するアメリカ人は、数万人から数十万人に上るでしょう。

もし北朝鮮が、北京に対する随時の核攻撃能力を証明するため、東京や大阪や福岡を核ミサイルで攻撃してみせたとしたら、巻き添えで殺されたアメリカ人の仇討ちだけはどうしてもしなければならない（それをしなければ次の選挙で必ず負ける）立場のアメリカ大統領に、北朝鮮に対する核反撃を促すことになってしまいます。それでは現体制の維持どころではないでしょう。

しかし、北海道の航空自衛隊千歳基地（千歳飛行場）や、名古屋市北郊の航空自衛隊小牧基地（県営名古屋空港）のような、日本の自衛隊が使っている、大都市から少し外れている航空基地を狙って核ミサイルを同時に複数発射し、その射程と実爆威力を立証することは、とても合理的なオプションになるのです。

以下に、その理由をご説明しましょう。

まず北朝鮮の奥地（中国国境に近いあたり）から弾道ミサイルを発射した場合の「距離の類似」です。千歳基地までは一一八七キロメートルぐらい。小牧基地までは一〇七一キロメートルぐらいあるのです。

もしこの二つの日本の基地の上空で原爆が炸裂すれば、その北朝鮮製の核ミサイルは、一一七〇キロメートル離れた北京市にも届くんだぞという、紛う方なき実証となります。

しかも、アメリカ人を怒らせることもなく、却ってアメリカ大統領を恐怖させることができるのです。

なぜ怒らせないかというと、千歳（千歳市）と小牧（小牧市、春日井市および豊山町の三自治体にまたがる）には、何千人ものアメリカ人は所在していないからです。

なぜ恐怖させることができるかというと、同じ原爆ミサイルが、次はどこかの米軍基地に向けられて、アメリカ籍の軍人と家族がそこで何万人も死傷し、そのためアメリカ大統領が国内有権者から非難を受けるかもしれないからです。

それに対する報復として北朝鮮人を何十万人か焼き殺してみても、死んだ数万人のアメリカ人はもう生き返ってはきません。手際の悪さがマスコミから指摘されれば、時のアメリカ大統領は、自国史上に永く、芳しくない事績を刻まれてしまうかもしれないのです。

米軍も韓国軍もF35は飛行不能に

国際条約および国際慣習法上、純然たる民間目標をミサイル攻撃するのは「ご法度」です。それを先制的に実行すれば、北朝鮮は「悪者確定」でしょう。しかし、ターゲットが千歳や小牧ならば、「俺たちは敵の軍事基地を攻撃しただけだ」と強弁することが可能になります。

千歳飛行場はアラスカ州から近く、しかも千歳基地内に臨時の舎営地を設ける余裕がたっぷりとあるため、半島有事の際には、米陸軍が米本土から大型輸送機で増援される途中の中継拠点となることが予定されています。日本のなけなしの政府専用機（核戦争時には総理大臣を乗せた空中指揮機になるかもしれない）の格納庫も、千歳基地内にあります。

また小牧基地には、三菱重工業名古屋航空宇宙システム製作所の小牧南工場が隣接しており、そこでは、韓国空軍や在韓米空軍、在日米軍航空隊（空軍と海兵隊）が使用する「F35」戦闘機の整備を一手に引き受けることになっています。つまり、小牧基地に原爆が落ちれば、米軍も韓国軍も「F35」を北東アジア戦域で飛ばし続けることは困難となるのです。

そこを宣伝で強調すれば、北朝鮮政府は「自衛のための核攻撃だ」といい張ることができるでしょう。

千歳と小牧が核攻撃される直前には、通常弾頭（非核弾頭）の中距離弾道ミサイルが複数発、福岡県の築城（ついき）基地、宮崎県の新田原（にゅうたばる）基地、宮城県の松島基地などの航空自衛隊の飛行場に、一斉に降ってくるでしょう。もちろんそれは、日本側のMD（ミサイル防衛）システムを事前に混乱させ麻痺させるための「陽動」です。

それにすぐ続いての、千歳と小牧に対するそれぞれ一基ずつの核ミサイル攻撃も、他の多数の地点（その多くが東京都および大阪市の近傍にある自衛隊施設でしょう）に対する通常弾道ミサイルによる攪乱空襲と、必ず同期的に実行されます。

日本側のMD部隊が、千歳と小牧の上空ばかりを熱心にガードできないような、巧妙な「飽和攻撃」が組み立てられて実行されるはずです。

どんなハイテクのレーダーでも、飛来する敵のミサイルが「核弾頭なのか非核弾頭なのか」までは、判別はつきません。東京の方角に飛来するミサイルは放置しておいて、千歳だけ守ろう——というわけにも、いかないでしょう。

千歳と小牧での爆発高度は

北朝鮮にとってのメリットは、まだ他にもあります。多数の通常弾頭ミサイルの弾着とほぼ同時に、千歳と小牧の二ヵ所に核ミサイルが到達するよう攻撃を調整しておくことによって、万が一の失敗（肝心（かんじん）の核ミサイルの途中墜落、不発、自衛隊による空中撃破成功等）が、千歳と小牧、あるいはその両方で起きてしまっても、それをうまくごまかせるのです。

体面を重視する儒教圏人にとっては、ここはとても大事なところでしょう。

結果として、もし一発でも日本上空で核爆発が起きれば、アメリカ大統領としては、もはや日本の基地にも韓国の基地にも、米軍部隊を残留させておくことはできません。戦闘機などは、すぐにグアム島やそれ以遠の飛行場まで後退して分散させられるでしょう。

北朝鮮軍としては、この米軍の「退却」を、大きな「戦果」として国内に誇ることもできます。

日本政府は、「次は東京か、大阪か」と怯え、なすところを知らないでしょう。

そして中共の指導者層は、北京が核攻撃されることを甘受しても北朝鮮に侵攻するか、それとも「金王朝」の体制転覆の企図は放棄するか、よくよく考えねばならなくなるでしょう。

千歳と小牧に落下する北朝鮮の原爆は、数キロトンから、せいぜい二〇キロトンでしょう。それ以上のイールドを実現しようとすれば、北朝鮮の技術力ではミサイルの弾頭部が重くなり過ぎ、ミサイルがどこかの段階で故障し、失敗する確率が高くなってしまいます。

北朝鮮にとって重要なのは、「車両機動式で固体燃料の中距離弾道ミサイルで、実際に一一七〇キロメートル先の都市（すなわち北京）に核攻撃ができるんだぞ」ということを、中共の指導部に対して疑いの余地なく実証してみせることなのですから、弾頭は、いちばん軽いものが選ばれるはずです。

起爆高度は、かなり高いでしょう。だいたいイールドが広島級未満ですから、理想的には高度二〇〇メートル以下で炸裂させるとよいのですが、起爆高度が低くなればなるほど、「ＰＡＣ３」などの自衛隊の地対空ミサイルで迎撃されてしまう確率も増えてしまう。それだけは避けなくてはなりません。

そのため、千歳でも小牧でも、爆発は高度一〇〇〇メートル以上で起きるでしょう。火球はいささかも地表に接することはなく、フォールアウトなど観察されないでしょう。しかし札幌市と名古屋市でパニックが起きることは、まず必至でしょう。

北朝鮮がアメリカ軍と大規模な交戦を始めた場合、韓国の釜山（プサン）港への重要後方補給経路に当たっている関門海峡が、核攻撃目標に加えられます。その理由は一四八〜九ページで解説した中共の動機と同じです。もちろん釜山港は、その前に必ず核攻撃されています。万単位の増援軍が揚陸作業のできる唯一の港湾だからです。米国が韓国に持ち込んだＴＨＡＡＤも、この釜山港を核ミサイルから守ろうとするシステムに他なりません。

第六章　被害を最小化する方法

巨大な真水タンクが必要な理由

沖縄県を旅行すると、一戸建て住宅の屋上にも、小さな「上水」の貯水タンクが普通に備わっているので、感心させられます。

都市が核攻撃を受けたとき、その弾頭イールドが大きければ大きいほど、全負傷者に占める「熱傷患者」の割合が増していきます。火傷で苦しんでいる患者の手当てをしようというときに、細菌で汚染されていない「上水」がすぐにたっぷりと得られるかどうかは、決定的に重要です。

しかしながら「その日」が来たときに、自治体が提供している水道インフラが機能し続けているであろうとは、とても期待ができません。地下の水道管そのものは、爆発の衝撃に対してかなり耐性があることが分かっているのですが、地上の「継ぎ手」部分等で漏水し、水圧が激減するかもしれません。

そこを考えますと、とりわけ医療関係機関の建物は、地下に「大容量の真水タンク」を備えるように、いまから行政が奨励するべきではないでしょうか。これがあるかないかで、天国と地獄の差が生ずるだろうと思います。

ところで所沢市には、「防衛医科大学校」が所在します。できればここが「大量熱傷患者治療研究の先端機関を目指す」という名乗りを上げて欲しいと思います。

自治体は、核災害のときに「火傷救急隊」をどう編成し、運用したらいいのか？　いまからそれを考えておく必要があるはずなのです。先述したように、所沢市の立地は特別で、そのような研究の拠点としてもふさわしいでしょう。

広島も長崎も死傷者七五％は火傷

日本全国で、古い学校の校舎などが「耐震化補強工事」をされています。もちろん必要な行政指導なのですが、その熱心さに比べて、「不燃化改装」の着眼が足りなくはないでしょうか？

平時では、ちょっとやそっとの火にあぶられたぐらいでは燃え出したりしない外装材や内装材が、核爆発の閃光(せんこう)によっては火を発します。

一九四五年八月六日の広島では、核爆発からわずか二〇分にして「ファイアーストーム」（火炎旋風(かえんせんぷう)）が生じ、これがおびただしく焼死者を増やしてしまいました。

広域火災の中心部から、激しい勢いで熱気が上空へ立ち昇り、それにともなって周辺から大量の新鮮な空気が呼び込まれ、ますます炎が高温で燃え盛るという危険な現象です。そして阪神・淡路大震災でも確認されているように、ビルの外壁が不燃であっても、広域火災の熱は、ビルの内部の可燃物を燃料として持続し、広がっていくのです。

建物と人が密集している大都市では、公共の建物の内部も、できるかぎり不燃化されていることが望ましいでしょう。

広島でも長崎でも、死傷者の七五％は火傷が原因でした。くどいようですが、未来の日本国民を不幸にしないためには、ここは軽視されてはならないポイントです。

普段からのフォールアウト対策

「火球」が地面に接する低空核爆発によって、土壌等が放射性同位体の粒子になり、それが天高く吸い上げられたあと、一時間くらい経ってから、徐々に灰のように落下して風下の土地に降り積もる――これが「フォールアウト」です。

日本では、フォールアウトが発する二次放射能の悪影響は、長期的には自然の雨によって洗い流されます。日本は中緯度の先進国のなかでは世界一多雨な国で、河川も短く急で、すぐに海に注いでいることが、フォールアウト被害からの回復を、他国よりも有利にしています。

私たちが普段から心がけておかなければならないのは、灰が自分の町に降り始めてから、その初期の放射能が一定レベル以下の強度まで自然に減衰してくれる二週間程度の期間の、自分と家族の「被曝量」をできるだけ抑える工夫です。

戸建て住宅であれば、一階の中心部に「地下倉（ちかぐら）」を造るのが理想的です。家族が一時的にそこに入っていれば、屋根や屋外に積もったフォールアウト（放射線の輻射源）からは最大に離隔（りかく）されるからです。

かつてアメリカ中西部の「竜巻（たつまき）」常襲地帯では、住宅の外に「地下倉」をつくっておき、竜巻が近づいてきたときは一家でそこへ逃げ込んで、暴風が過ぎ去るのを待ちました。

また江戸時代後期の商人たちは、屋敷の中心部分に防火力の高い「塗り籠（ぬご）め土壁」で四方と天井を囲んだ「ミニ蔵」ともいえる小部屋をしつらえ、大火が延焼してきたときには、重要文書や貴重品類をそのなかに移し入れて密封し、自分たちは身ひとつで遠くまで避難をするようにしていました。

これから好きなように戸建て住宅を発注できる立場の人は、屋根の傾斜をできるだけ急にするか、あるいはカマボコ形のドーム屋根にするのが安心かもしれません。なぜなら、積もった「灰」が雨で早く流れ落ちてくれるからです。

壁や屋根の表面が複雑に入り組んだ、装飾的なデザインの家となればなるほど、「灰」はすんなりとは流れ落ちてくれなくなります。屋根と「立面設計」がシンプルな家は、運よく核戦争に見舞われなかったとしても、傷みにくく、また汚れにくく、長い年月が経過したあとのリフォームのコストも、あまりかからないはずです。覚えておいて損はないでしょう。

高層マンションのような集合住宅に暮らす人は、カーテンの素材に注意するべきでしょう。

不燃繊維でできた分厚いカーテンなら、寝ているあいだに起きた核爆発の熱線によって室内に火災が発生してしまう……という思わぬ被害を、防げるかもしれません。

ペントハウス（高層ビル最上階居住区）は、ビル屋上に降下した放射性の灰や塵の影響を恐らくいちばん強く蒙ってしまうので、用心深い富裕層の方は「デュプレックス」（上下二階を一世帯で占有する）や「トリプレックス」（上中下と続く三階を一世帯で占有する）を確保して、寝室は、最上階ではないところに設けるのが安全かもしれません。

爆心から数キロの地下駐車場は

現代の核ミサイルは、都市をできるだけ広範囲に破壊しようと狙ったときは、地表から一〇〇〇〜数千メートルの上空で起爆させ、クレーターをつくらないようにプログラムされます。

クレーターがつくられるほどに低い高度で爆発させますと、「火球」が地面を蒸発させるときに大量の熱エネルギーが奪われてしまい、また熱線をさえぎる陰も生じて、広い面積に破壊殺傷効果を及ぼすことができなくなるからです。

上空の最適高度で起爆させれば、地表からはね返る衝撃波と、起爆点からの衝撃波との合成力により、水平方向への毀害距離はぐんと延びるのです。その代わり、地下構造物に対する破壊力は、必ず限られたものになります。

これは何を意味するかというと、高空爆発であれ、地表爆発であれ、核爆発の爆心の直下ではシェルターも無傷ではすみませんけれども、爆心から三〜四キロメートル離れますと、ただの地下駐車場のような施設が、メガトン級水爆に対してすらも、シェルターの代用機能を果たしてくれるのです。

長崎県防空本部が置かれていた「立山防空壕」跡。爆心からは2.7キロ。当時のまま保存されており、この横穴内にいて助かった人の証言がパネルになっている。こうした防空用トンネルのおかげで長崎では約400人の命が守られた（撮影：著者）

水爆は、そこまで確実に破壊するようには、できていません。

日本国政府および東京都知事は、都心のいたるところに、公共の地下駐車場をもっと整備するべきでしょう。それだけで、最悪の核災害からも生き残り、助かる人の数は、ずいぶん違ってくるはずです。

特に病院や官公署の駐車場は、地上式では核災害からの避難所として役には立ちません。一考を要するところではないかと、私は心配します。

広い地下駐車場を有事の際に公共退避場として提供すると登録している民間人には、税の優遇措置を講ずるべきです。ドイツ政府の施策が参考になるでしょう。

海外では、すでに一九五〇年代から、「米ソ核戦争」のとばっちりが当事国以外のどこへ及ぶか、予断を許さないと判断されてきました。それゆえ、両陣営のどちらにも属さぬ諸国の首都（たとえば北京市やストックホルム市など）をはじめとし、全世界の主要都市が、冷戦初盤から「核シェルター」を念頭に置いた防空避難設備を着実に築造し、拡充しています。

地下鉄を利用した核シェルター

地下鉄を筆頭として、地下道、下水路、地下放水路、地下共同溝などの一部は、大都市が核攻撃を受けたときに、住民が安全に郊外へ脱出するための緊急の通路として活用することができるものです。

もちろん地下鉄は運行しないでしょう。避難者はトンネルのなかを徒歩で移動することになります。

容量が大きなそうした避難路は、同時に、郊外から救援隊が進入するルートとしても役立てることができます。

第一次世界大戦中、戦場に近かったあるフランスの村に、最前線からの毒ガスが漂ってきて、ガスマスクの準備などがなかった住民たちは、いきなり危機的な状態に投げ込まれました。が、幸いに、大きな下水道のトンネルがあったので、それをつたって全員が安全地帯まで逃れ出ることができたそうです。

今日の日本の大都市でも、地下街や地下鉄構内の空気全体を、適切なフィルターによって地上の毒ガスや放射性の塵から遮断することができれば、そこは一時的な核シェルターになってくれるでしょう。

もちろん、換気装置を運転するための自家電力装置は必要です。そうした設備には、自治体が補助金を出してもいいのではないでしょうか?

ちなみに本稿執筆時点の二〇一七年夏、弾道ミサイルの発射を繰り返す北朝鮮に対し、アメリカのトランプ政権は空爆をも視野に圧力を加えようとしていました。すると、「仮に空爆が実施されれば、南北境界線近くの掩蔽壕(えんぺいごう)から射出される北朝鮮の多連装ロケット弾や砲弾で、ソウルでは一〇〇万人以上の死傷者が生じる。そのためクリントン政権も、一九九四年の危機に際し、北朝鮮への攻撃をストップした」などという言説が、専門家やマスコミを通じ、まことしやかに流布(るふ)されました。

しかし、これは親北または左傾的な韓国人によるデマです。北朝鮮の砲兵がソウル市民を何万人も殺すという話も、しょうもない嘘です。

ソウルの地下鉄構内に備蓄食糧や医薬品や市民用のガスマスクが用意されていることは知られています。街のいたるところに、地下への避難路や案内表示もあります。ソウルは東京よりも、砲撃に対し、ずっと強いのです。

そもそも本当にそんなに危ないのなら、韓国の人口の半分近い二五〇〇万人もが、ソウル圏内に集まって住むわけがない。特に大企業本社や大学などは、そんな危険な場所に居続ける必要などまったくないでしょう。

韓国人は、ソウルは危なくないとよく知っていて、別の思惑と意図があって「北が砲撃すれば一〇〇万人死傷する」などというデマを、アメリカ向けに言いふらしているのです。この点では、北朝鮮人と韓国人は「共犯者」です。在韓米軍はそれを知っていますが、ワシントンにいる「アジア無知連」を説得する術はありません。

歴代の韓国政府は地下鉄やコンクリート構造の建物の堅牢性を理解している——このことだけは確かでしょう。

さて二次放射能の被害は、爆心地（地表爆発の場合）の風下のフォールアウト地域が、その面積の広さのために重大視されます。これは行政として当然のことです。

しかし、爆心（空中爆発の場合）の直下も、爆発の瞬間の強い放射線によって、舗装路やビルディング（のガレキ）がただちに二次放射能を帯びるようになるのです。

たまたま空中核爆発の爆心近くで地下道や頑丈な建物内にいて即死を免れた人が、うかつに地上へ出てガレキのあいだを歩き回ったりすれば、そのあたりの初期の二次放射能は強烈ですから、せっかく助かった命がすぐにも虚しくなってしまうでしょう。

できるだけ多くの住民が、必要に応じて地下にとどまり、地下の通路だけをつたって汚染の少ない地域まで移動できるようになっていることが、大都市防災上、すこぶる望ましい都市設計だといえるのです。

たとえば北朝鮮の平壌市の地下鉄駅は、地下一一〇メートルにあります。それで水爆攻撃をしのぐつもりなのです。

しかし自由主義諸国における地下鉄の本来の目的は、大都市の地上で暮らしている人々を便利に輸送することです。それがあまりに深いところにあっては、地上と地下の往復だけでも手間をとってしまい、移動の効率がとても悪くなってしまいます。

南アフリカにある世界一深い鉱山坑道（地下三五七八メートル）の場合ですと、現場に降りるだけでも、エレベーターで三〇分かかるそうです。そんな地下鉄駅が東京にあったら、核爆発に対してはとても安全だとしても、急いでいるビジネスマンたちは、さぞやイライラさせられることでしょう。

「安全」と「利便性」の両立は、どうしても難しい課題です。これはマンションやオフィスビルの内部の「不燃性」を追求した場合にも同様でしょう。しかし本書をお読みになった皆さんが、「そこに課題があること」を知ってくださったなら、やがて大勢の人が智恵を出して、よい方向へ少しずつ対策されていくでしょう。そのように期待していいのだと私は信じています。

もちろん、地上の交通についても、平時から検討しておかねばならないことがあります。横須賀市のある三浦半島や、東京都心をかすめるように東西を結んでいる鉄道や高速道路は、直接の核爆発の損害を蒙っていなくとも、不通になってしまうおそれは高いでしょう。その代替とする迂回路(うかいろ)を、いまからよく考えておく必要があります。

船舶を活用して相模湾(さがみわん)を横断(伊豆半島から房総半島へ、あるいはその逆も)できるような、海上の迂回路についても、研究しておくべきでしょう。

ペトリオット部隊の車両の有用性

エバキュエーション(避難)というのは、多数の人々を、危険な場所(それは国内のこともあれば国外のこともある)から総脱出させる活動のことで、しばしば国家が軍隊を使って実施します。

自衛隊は多数のトラック類を装備しています。けれども、核災害でそれを使える状況と使えない状況があることについて、私たちは予備知識を持つ必要があるでしょう。

核爆弾が都市の上空で炸裂した場合、そのイールドが思いのほか小さかったり、その爆発高度がやや高目で、直下の建物に激甚(げきじん)な爆圧破壊をもたらさなかったような場合でも、放出されたガンマ線や中性子線だけは十分に強かったということは、あり得ます。

その場合、爆発から一定時間以内の、爆心直下の地面やビルの外壁は、トラックの薄い鉄板ぐらいではとうてい遮蔽できないほどに強力な「ガンマ線」を、二次放射能として輻射しています。

そんなところに普通の大型トラックで進入したりすれば、真上以外のすべての方向から致死量のガンマ線を浴びることになって、まさしく自殺行為です。トラックの荷台の床面に土嚢(どのう)などを敷き詰めたとしても、ただの気休めになるだけ。その程度では、被曝抑制の見地からはまったくムダなのです。そのくらいに、爆発直後の爆心直下の放射線環境は危ない。

大地震や津波の災害地を見る限りでは、そもそもガレキ地帯に装輪車両で進入することが至難だろうと思われるのですけれども、自衛隊が兵員輸送などに使っている幌(ほろ)付きの大型トラックには、それにとどまらない短所があります。それは、走行中、その車体の後方に土埃を巻き上げ、それが車体直後にできる「負圧」の空間に引き付けられ、幌の隙間から逆流気味に荷台内へ吹き込んでくることです。

フォールアウト地帯や、ガレキが強い放射能を帯びているような爆心近くでは、「幌付きトラック」は、安心して命を託せる輸送手段とはほど遠い。せめて、アルミ合金パネルで荷台全体が密閉された「箱型シェルター」になっているような構造の人員輸送用トラックが必要でしょう。

たとえば航空自衛隊の地対空ミサイル「ペトリオット」部隊が、射撃要員の野外での寝泊まり待機のために装備している金属シェルター構造の大型トラックなどでしたら、放射性粉塵をシャットアウトしやすいという点で、頼りになるかもしれません。そこまで目配りをしたトラック装備体系の総見直しが、自衛隊にも求められると思います。

核で日本の全都市が壊滅するは嘘

イギリスとアメリカの最高峰の大学は、首都圏や繁華な市街から離れた土地で発達したように見えます。これに対して欧州大陸諸国の権威ある大学は、あたかも政府からの監視を受けやすくしてあるかのように、首都に所在していることが多いように見えます。

核戦争が起きたときに、より深く後悔するのはどちらでしょうか？

次世代を担う若い学生たちを、首都壊滅の道連れにしなければならぬ理由はありません。

伝統ある大学のすべての機能を首都から転出させる必要はないでしょう。けれども、その一部分でも首都から遠く離しておくことは、国家百年の計に、よく適っているのではないでしょうか。

早とちりをしないで欲しいのですが、「核戦争になれば日本の全都市は壊滅する」というのは神話です。日本の敵国が流布させたい「プロパガンダ」に沿った作り話です。日本国はイスラエルやイギリス等とは違い、国土に「地の皺」が多いおかげで、一発の核爆発の影響が、自然に限局されるのです。

それでも、関東平野のような平坦地に発達した大都市に二メガトンの水爆が複数落ちてきたら、たいへんな損害が発生するのは当たり前の話。その不可避的な損害をもっと根本から緩和する方法は、あるでしょうか？

長期的には、いくらでもあります。

消防署と大病院の建物は、「一インチあたり二〇ポンド」の爆圧では壊れない頑丈な構造のものに逐次、建て替えられていくのが、理想的でしょう。

また、都市を同心円状に拡大させないようにする、大きな国土再開発の新方針や新理念が、国民のあいだに共有されることが、とても望ましい。同心円状に発達した都市では、一発の核爆発で蒙る損害が、おのずから最大化してしまうからです。敵国に対して、わざわざこちらの弱点をこしらえてやっているようなものなのです。

一案ですが、鉄道や幹線道路に沿って、長い「ひも状」に、老人や弱者が暮らしやすい都市を構築する。これは必ず達成できます。宇都宮駅から八戸駅まで、かつてのＪＲ東北本線（第三セクター含む）に沿って細長く連続した「新首都機能」を想像してみてください。そのくらいに細く長く発達した都市は、いわば「一次元」の砦でしょう。

核爆発のエネルギーは「三次元」的に放散します。したがって「一次元」の砦を攻撃した場合には、ほとんどのエネルギーはムダになってしまうのです。直撃された区間だけはいかんともしがたく打ちのめされますけれども、その前後の区間は生き残って、ただちに救援活動を始めることができる。

これを私は「リニアシティ（一本線状市街再構成構想）」と唱えています。核戦争時代には、これ以上に抜本的・合理的な都市再開発計画はないと考えます。

もうひとつ。第五章でも書きましたように、「アメリカ人を怒らせたくないがアメリカ大統領には警告を与えたい」という目的で、自衛隊専用基地を核攻撃するオプションは、儒教圏の核武装国にとっては、常にあり得るでしょう。

しかしこれは、日本政府として簡単に予防することができます。平時から、米軍との「基地共用化」を推進しておけばいいのです。殊に航空隊については、これが当てはまるでしょう。

米軍の一定規模の部隊を国内の新たな町に定住的に駐留させるのとは違い、基地を共用するだけであれば、現行の日米地位協定の枠組み内でも実行できる政策です。それで自衛隊の飛行場が核攻撃を受けにくくなる。前向きに考えないのは、合理性に欠けるといえないでしょうか。

敵性潜水艦の早期撃沈を

本章の最後に、中共のＳＬＢＭ（潜水艦発射弾道ミサイル）についての警鐘を鳴らしておこうと思います。

中共軍海軍は、一隻が一二基の弾道核ミサイルを発射する能力を備えた原子力潜水艦を、すでに四隻、就役させています。その「巨浪2」という弾道ミサイルは七五〇〇キロメートル飛ぶともいうのですが、射程についてはまだ一度も証明されてはいません。RVの機能・威力についても、謎だらけです。

そもそも、このミサイルに本物の核弾頭を搭載して外洋に出たことすらないのではないか、との観測が有力です。

しかし国家主席の習近平が、古株の陸軍の将軍たちの政治的発言力を弱めるために、海軍内に自己の「子飼い」の提督たちを育成しようとしていることは確かでしょう。その政策の延長として、おそらくは将来のある段階では、本物の弾道核ミサイルを積んだ原潜がデビューするはずです。

とはいっても、七五〇〇キロメートルかそれ以下の射程しかない弾道核ミサイルというのは、世界核戦争が起きた場合でも、対米攻撃用とはなりにくい。それを北米大陸の大都市まで届かせるために、潜水艦が北米大陸へ近付こうとすれば、米海軍によってたちまち撃沈されてしまうのは必至だからです。

さすれば消去法の推理により、残る使い道としては、対インド用か、対オーストラリア用か、対日本用ぐらいしかないことになるでしょう。

日本政府は、有事にこれを放っておく政策を選ぶべきではないでしょう。積極的にこちらの潜水艦の魚雷によって撃沈するか、水中ロボットに機雷を仕掛けさせて、その脅威を取り除くように図るべきなのです。

平時から、政府と自衛隊は、こうした未来有事の方針について相談を重ねておかなくてはなりません。これも核攻撃の甚大な被害を最小化するためには必須の努力だといえるのです。

電磁波の集中やレーザーパルスによって、低空域においてＲＶのセンサーや信管の機能を乱すことは、いまの日本の技術でも可能です。これによる防空設備を東京、横須賀、神戸、門司の近辺に建設することは、核ミサイルの（高空爆発は防げなくとも）低空炸裂を阻止するうえで意義がありましょう。本書を参考にＭＤ関係の投資も一から見直しをするよう、私は呼びかけたいと思います。

おわりに――核攻撃を受けない術がある

人類は、世にも稀な記録を誇っています。

一九四五年にアメリカで「核爆弾」が発明されました。

同年の八月六日に、これが一発（広島）、八月九日にはさらに一発（長崎）が、実戦に使用されます。そうすることによって、全世界が、原子力兵器が比類のない威力を持っていることを認めるしかなくなりました。

そののち、この革命的な新兵器は、数ヵ国においてトータルで何十万発も、製造されました。

にもかかわらず、長崎の一発を最後に、今日まで原爆（原子核分裂爆弾）や水爆（原子核融合爆弾）を敵に向けて発射したり投下したり、戦場で炸裂させた国はありません。実戦での使用が、強く自粛され続けています。

これら核保有国による核爆弾使用自制の期間は、私が本書を執筆しています二〇一七年で、なんと七二年にもなります。

核兵器は、デビューと同時に、実戦で有効であることを各国の指導者層に見せつけました。そしてその後も、一貫して、改良や保守や強化がされ続けています。

これほど有力な兵器が、複数国によって膨大に整備され続けていながら、かくも長期間にわたって、一国の抜け駆けもなく、実戦投入を見合わされているような例は、この世界で他に探すことはできません。

これは人類戦争史の奇観です。が、理由はあります。

世界の主要国がこの七二年間、核兵器によって外敵から攻撃されないようにする方法について、それぞれの最優秀の頭脳を結集して、検討を重ね、着実に行動に移してきたからです。人々の無為ではなくて、営為が、その惨害を未然に食い止めているのです。

しからば、東京をはじめわが国の各地で、一〇〇万人から数百万人もの「核戦争の死者」を出さずに済む方法はあるのでしょうか？

日本では、それを考えてくれるプロ集団が見当たりません。

わが国が主導する総合政策によって、ＡＳＥＡＮ諸国が中華人民共和国を機雷で包囲できるようにすれば、中国共産党の独裁体制は、静かに転覆するのではないでしょうか？

　そのシナリオならば「核のドゥームズデイ」という事態は発生せず、日本や周辺世界が核攻撃されることもありません。中共が滅びれば、北朝鮮も、真の対日核攻撃能力を持つ前に、いっしょに滅びてくれます。その可能性と道筋を提示した策案こそ、前著『日本の武器で滅びる中華人民共和国』（二〇一七年一月）でした。

　本書では、日本の政治が、前著で私が具体的に提示したような安価で人道的な総合政策を採用することに失敗した場合のリスクを、心配しています。その結果としてやって来るかもしれない事態に、読者が立ち向かえるようにしたいとも念願しました。

　水爆が本当に落ちてきそうだからといって、絶望している首都国民はどこにもいないように見えます。

　冷戦期のモスクワには、世界核戦争になったら、なんと総計六〇発もの各国の原水爆（米英仏中イスラエル）が集中投下されるだろうと見積もられていました。しかし、それを理由にモスクワから引っ越したがる人はいなかったでしょう。どこの国でも、首都はとにかく便利で仕事もあるから、核戦争リスクは承知で、人々は集っているのです。

　しかしそうはいっても、わが国において、一発で一〇〇万人以上もが命の危険にさらされてしまう核被弾の可能性を、漫然と放置しておくことは合理的なのでしょうか？　もし、東京都に人が集まり過ぎていることがリスクの基礎を成しているのならば、そこからしてなんとかする方法を考えておいてもバチは当たらないでしょう。

本書では、このむずかしいテーマを皆さまのもとにお届けするために、編集者の間渕隆氏が、できるだけ分かりやすくなるよう努めてくださいました。

大勢の人が問題の所在を知れば、きっとよい智恵が出てきて、もっと大勢の人を不幸から救えるはずです。

二〇一七年一〇月

兵頭二十八（ひょうどうにそはち）

兵頭二十八

1960年、長野県に生まれる。軍学者、著述家。1982年、陸上自衛隊東部方面隊に任期制・2等陸士で入隊。北部方面隊第2師団第2戦車連隊本部管理中隊に配属。1984年、1任期満了除隊。除隊時の階級は陸士長。同年、神奈川大学外国語学部英語英文科に入学。在学中に江藤淳(当時、東京工業大学教授)の知遇を得る。1988年、同大学卒業後、江藤の勧めで東京工業大学大学院理工学研究科社会工学専攻博士前期課程に入学。1990年、同大学院修了、修士(工学)。著書には、ベストセラーになった『こんなに弱い中国人民解放軍』『日本の武器で滅びる中華人民共和国』(以上、講談社+α新書)、『軍学考』(中公叢書)、『日本人が知らない軍事学の常識』(草思社文庫)など。

講談社+α新書 686-3 C

東京と神戸に核ミサイルが落ちたとき所沢と大阪はどうなる

兵頭二十八 ©Nisohachi Hyodo 2017

2017年10月4日第1刷発行

発行者――鈴木 哲

発行所――株式会社 講談社

東京都文京区音羽2-12-21 〒112-8001

電話 編集(03)5395-3522

販売(03)5395-4415

業務(03)5395-3615

装画――朝日メディアインターナショナル株式会社

デザイン――鈴木成一デザイン室

カバー印刷――共同印刷株式会社

印刷――慶昌堂印刷株式会社

製本――牧製本印刷株式会社

本文組版――朝日メディアインターナショナル株式会社

定価はカバーに表示してあります。

落丁本・乱丁本は購入書店名を明記のうえ、小社業務あてにお送りください。

送料は小社負担にてお取り替えします。

なお、この本の内容についてのお問い合わせは第一事業局企画部「+α新書」あてにお願いいたします。

本書のコピー、スキャン、デジタル化等の無断複製は著作権法上での例外を除き禁じられています。本書を代行業者等の第三者に依頼してスキャンやデジタル化することは、たとえ個人や家庭内の利用でも著作権法違反です。

Printed in Japan

ISBN978-4-06-291508-3

講談社+α新書

書名	著者	内容	価格	番号
一回3秒 これだけ体操 腰痛は「動かして」治しなさい	松平 浩	『NHKスペシャル』で大反響！ 介護職員をコルセットから解放した腰痛治療の新常識！	780円	734-1 B
遺品は語る 遺品整理業者が教える「独居老人600万人」「無縁死3万人」時代に必ずやっておくべきこと	赤澤健一	多死社会はここまで来ていた！ 誰もが一人で死ぬ時代に、「いま為すべきこと」をプロが教示	800円	735-1 C
ドナルド・トランプ、大いに語る	セス・ミルスタイン 編 講談社 編訳	アメリカを再び偉大に！ 怪物か、傑物か、全米が熱狂・失笑・激怒したトランプの〝迷〟言集	840円	736-1 C
ルポ ニッポン絶望工場	出井康博	外国人の奴隷労働が支える便利な生活。知られざる崩壊寸前の現場、犯罪集団化の実態に迫る	840円	737-1 C
18歳の君へ贈る言葉	柳沢幸雄	名門・開成学園の校長先生が生徒たちに話していること。才能を伸ばす36の知恵。親子で必読！	800円	738-1 C
本物のビジネス英語力	久保マサヒデ	ロンドンのビジネス最前線で成功した英語の秘訣を伝授！ この本でもう英語は怖くなくなる	780円	739-1 C
選ばれ続ける必然 誰でもできる「ブランディング」のはじめ方	佐藤圭一	商品に魅力があるだけではダメ。プロが教える選ばれ続け、ファンに愛される会社の作り方	840円	740-1 C
歯はみがいてはいけない	森 昭	今すぐやめないと歯が抜け、口腔細菌で全身病になる。カネで歪んだ日本の歯科常識を告発!!	840円	741-1 B
やっぱり、歯はみがいてはいけない 実践編	森昭 森光恵	日本人の歯みがき常識を一変させたベストセラーの第2弾が登場！「実践」に即して徹底教示	840円	741-2 B
一日一日、強くなる 伊調馨の「壁を乗り越える」言葉	伊調 馨	オリンピック4連覇へ！ 常に進化し続ける伊調馨の孤高の言葉たち。志を抱くすべての人に	800円	742-1 C
50歳からの出直し大作戦	出口治明	会社の辞めどき、家族の説得、資金の手当て。著者が取材した50歳から花開いた人の成功理由	840円	743-1 C

表示価格はすべて本体価格（税別）です。本体価格は変更することがあります

講談社＋α新書

- **財務省と大新聞が隠す本当は世界一の日本経済** 上念司
  財務省のHPに載る七〇〇兆円の政府資産は、誰の物なのか!? それを隠すセコ過ぎる理由は 880円 744-1 C
- **習近平が隠す本当は世界3位の中国経済** 上念司
  中国は経済統計を使って戦争を仕掛けている！ 中華思想で粉飾したGDPは実は四三七兆円!? 840円 744-2 C
- **考える力をつける本** 畑村洋太郎
  企画にも問題解決にも。失敗学・創造学の第一人者が教える誰でも身につけられる知的生産術 840円 746-1 C
- **世界大変動と日本の復活** 竹中教授の２０２０年・日本大転換プラン 竹中平蔵
  アベノミクスの目標＝ＧＤＰ６００兆円はこうすれば達成できる。最強経済への４大成長戦略 840円 747-1 C
- **ビジネスＺＥＮ入門** 松山大耕
  ジョブズを始めとした世界のビジネスリーダーがたしなむ「禅」が、あなたにも役立ちます！ 840円 748-1 C
- **グーグルを驚愕させた日本人の知らないニッポン企業** 山川博功
  取引先は世界一二〇ヵ国以上、社員の三分の一は外国人。小さな超グローバル企業の快進撃！ 840円 749-1 C
- **力を引き出す** 「ゆとり世代」の伸ばし方 原晋 原田曜平
  青学陸上部を強豪校に育てあげた名将と、若者研究の第一人者が語るゆとり世代を育てる技術 800円 750-1 C
- **台湾で見つけた、日本人が忘れた「日本」** 村串栄一
  激動する〝国〟台湾には、日本人が忘れた歴史がいまも息づいていた。読めば行きたくなるルポ 840円 751-1 C
- **不死身のひと** 脳梗塞、がん、心臓病から15回生還した男 村串栄一
  がん12回、脳梗塞、腎臓病、心房細動、心房粗動、胃三分の二切除……満身創痍でもしぶとく生きる！ 840円 751-2 B
- **世界一の会議** ダボス会議の秘密 齋藤ウィリアム浩幸
  なぜダボス会議は世界中から注目されるのか？ ダボスから見えてくる世界の潮流と緊急課題 840円 752-1 C
- **欧州危機と反グローバリズム** 破綻と分断の現場を歩く 星野眞三雄
  英国ＥＵ離脱とトランプ現象に共通するものは何か？ ＥＵ26ヵ国を取材した記者の緊急報告 860円 753-1 C

表示価格はすべて本体価格（税別）です。本体価格は変更することがあります

講談社＋α新書

男性漂流 男たちは何におびえているか
奥田祥子
婚活地獄、仮面イクメン、シングル介護、更年期。密着10年、哀しくも愛しい中年男性の真実
880円 683-1 A

親の家のたたみ方
三星雅人
「住まない」「貸せない」「売れない」実家をどうする？ 第一人者が教示する実践的解決法!!
840円 684-1 A

昭和50年の食事で、その腹は引っ込む なぜ1975年に日本人が家で食べていたものが理想なのか
都築毅
東北大学研究チームの実験データが実証したあのころの普段の食事の驚くべき健康効果とは
840円 685-1 B

こんなに弱い中国人民解放軍
兵頭二十八
核攻撃は探知不能、ゆえに使用できず、最新鋭の戦闘機200機は「F-22」4機で全て撃墜さる!!
840円 686-1 C

日本の武器で滅びる中華人民共和国
兵頭二十八
毛沢東・ニクソン密約で核の傘は消滅した…が、日本製武器群が核武装を無力化する!!
840円 686-2 C

東京と神戸に核ミサイルが落ちたとき所沢と大阪はどうなる
兵頭二十八
全日本人必読!! 日本には安全な街と狙われる街がある!! 貴方の家族と財産を守る究極の術
840円 686-3 C

巡航ミサイル1000億円で中国も北朝鮮も怖くない
北村淳
世界最強の巡航ミサイルでアジアの最強国に!! 中国と北朝鮮の核を無力化し「永久平和」を！
920円 687-1 C

私は15キロ痩せるのも太るのも簡単だ！ クワバラ式体重管理メソッド
桑原弘樹
ミスワールドやトップアスリート100人も実践!! 体重を半年間で30キロ自在に変動させる方法！
840円 688-1 B

「カロリーゼロ」はかえって太る！
大西睦子
ハーバード最新研究でわかった「肥満・糖質・酒」の新常識！ 低炭水化物ビールに要注意!!
800円 689-1 B

銀座・資本論 21世紀の幸福な「商売（あきない）」とはなにか？
渡辺新
マルクスもピケティもていねいでこまめな銀座の商いの流儀を知ればビックリするハズ!?
840円 690-1 C

「持たない」で儲ける会社 現場に転がっていたゼロベースの成功戦略
西村克己
ビジネス戦略をわかりやすい解説で実践まで導く著者が、39の実例からビジネス脳を刺激する
840円 692-1 C

表示価格はすべて本体価格（税別）です。本体価格は変更することがあります